I0886732

KORPORATION DER KAUFMANNSCHAFT VON BERLIN

Handels-Hochschule Berlin

Amtliches Verzeichnis der Vorlesungen und Übungen

Sommersemester 1916

Verlag von Georg Reimer, Berlin W 10.

Börsenbuchdruckerei Denter & Nicolas
Berlin Mitte, Neue Friedrichstr. 43

Inhalt

Zur Einführung

Vorlesungen und Übungen

1. An der Handels-Hochschule wie an jeder Hochschule werden *Vorlesungen und Übungen* gehalten. Zwischen beiden besteht ein Gegensatz. Bei den Vorlesungen hat der Teilnehmer nur dem Vortrage seines Lehrers zu folgen, von dem Vortrag, soweit ihm dies nicht durch gedruckte Hilfsmittel erspart wird, einen Auszug niederzuschreiben und das Vorgetragene während des Semesters oder der Ferien sich geistig anzueignen. Bei den Übungen hat er irgend eine Aufgabe zu lösen, etwa die kritische Besprechung einer Bilanz, die Entscheidung eines Rechtsfalles aus dem kaufmännischen Leben, die Erstattung eines Gutachtens in einer Frage der Handelspolitik, um auf diese Weise seine Kenntnisse zugleich anzuwenden und zu vertiefen. Die Vorlesungen vermitteln Wissen, die Übungen entwickeln Können. Zu einer fruchtbringenden Ausbildung ist beides erforderlich. Man muß Kenntnisse erwerben, und man muß in ihrer Anwendung seine geistigen Kräfte üben.

Die *Vorlesungen* sind teils für Anfänger, teils nur für Vorgerückte bestimmt. Die Vorlesungen *für Anfänger* setzen nichts voraus als eine genügende Vorbildung für die Hochschule. Solche Vorlesungen sind z. B. die allgemeine kaufmännische Privatwirtschaftslehre, die allgemeine Nationalökonomie, das bürgerliche Recht, die allgemeine Geographie. Die Vorlesungen *für Vorgerückte* bauen auf anderen Vorlesungen auf und setzen deshalb voraus, daß man jene bereits gehört und sich ihren Inhalt zu eigen gemacht hat. Vorlesungen für Vorgerückte sind u. a. als auf die allgemeine Privatwirtschaftslehre aufgebaut die allgemeine Handels-, Bank- und Industriebetriebslehre, die auf die allgemeine Nationalökonomie aufgebaute Volkswirtschaftspolitik, das auf das bürgerliche Recht aufgebaute Handelsrecht, die auf die allgemeine Geographie aufgebaute Wirtschaftsgeographie. Vorwiegend für Vorgerückte bestimmt sind auch die *gewerblichen Einzelvorträge,* die im Mai durch hervorragende Praktiker gehalten werden.

Ob eine Vorlesung für Anfänger oder für Vorgerückte bestimmt ist, läßt sich aus dem Vorlesungsverzeichnis nicht immer ersehen. Man kann es von Sachkundigen, besonders auch von Lehrern und Studierenden der Hochschule, leicht erfahren.

Das Gleiche wie für die Vorlesungen gilt auch für die *Übungen* mit Einschluß der naturwissenschaftlichen Praktika und der Sprachkurse. Es gibt Anfängerübungen, Übungen für Vorgerückte und wissenschaftliche Seminare. Die *Anfängerübungen* setzen nichts voraus als das, was der Teilnehmer auf die Handels-Hochschule mitzubringen pflegt oder in gleichzeitig stattfindenden Vorlesungen lernt. Solche Anfängerübungen sind z. B. die Übungen im bürgerlichen Recht. Die *Übungen für Vorgerückte* setzen voraus, daß der Teilnehmer auf der Handels-Hochschule oder im Leben bereits ein höheres Maß von Wissen erworben, in der Regel also daß er bestimmte Vorlesungen gehört, nicht selten auch daß er sich schon an Anfängerübungen beteiligt hat. Solche Übungen für Vorgerückte sind z. B. die Übungen im Handelsrecht. Die *wissenschaftlichen Seminare* setzen voraus, daß der Teilnehmer ein höheres Maß von Wissen besitzt und in dem betreffenden Fach begonnen hat, sich mit den Methoden selbständigen wissenschaftlichen Arbeitens vertraut zu machen. Solche wissenschaftlichen Seminare sind z. B. das juristische Seminar, die handelswissenschaftlichen Seminare, das geographische Seminar und das chemische Kolloquium.

Auch bei den Übungen zeigt das Vorlesungsverzeichnis nicht immer mit Deutlichkeit, ob es sich um eine Anfängerübung, eine Übung für Vorgerückte oder ein wissenschaftliches Seminar handelt. Auch hier aber kann man sich leicht bei Sachkundigen, etwa bei Lehrern oder Studierenden der Hochschule, unterrichten.

2. Die Vorlesungen und Übungen *erstrecken sich im allgemeinen über ein Semester.* Der Umfang einer Vorlesung oder einer Übung wird durch die Anzahl der *Wochenstunden* bezeichnet, die auf sie entfallen. Eine dreistündige Vorlesung ist hiernach eine Vorlesung, die vom Anfang des Semesters bis zu dessen Schluß jede Woche drei Stunden in Anspruch nimmt.

Von dieser Regel gibt es nur wenige Ausnahmen. Manche Übungen, namentlich solche für Vorgerückte, finden nicht jede Woche, sondern nur alle 14 Tage statt, so z. B. die geographischen Übungen und das juristische Seminar; wenn Übungen vierzehntägig sind, so ist dies im Vorlesungsverzeichnis besonders hervorgehoben. Die gewerblichen Einzelvorträge erstrecken sich weder über das ganze Semester, noch behandeln sie gemeinsam einen einheitlichen Gegenstand, sondern jeder für sich hat seinen besonderen Gegenstand, so daß sie mehr öffentlichen Vorträgen als den sonstigen Vorlesungen gleichen.

Die Vorlesungen und Übungen *beginnen* im allgemeinen am 27. April. Der Anfang der einzelnen Vorlesungen hängt von den Wochentagen ab, auf die sie fallen. Er ist aus dem *Auditorienzettel* zu ersehen, der kurz vor Beginn der Vorlesungen erscheint und für jede Vorlesung und Übung außer dem Hörsaal, in dem sie stattfindet, auch den Tag ihres Beginns enthält.

Eine kurze Unterbrechung tritt durch die *Pfingstferien* ein. Sie dauern vom 10. Juni bis einschließlich zum 17. Juni.

Die Vorlesungen und Übungen *endigen* im allgemeinen am 4. August. Im einzelnen hängt auch der Schluß von dem Tage ab, auf den eine Vorlesung oder Übung fällt. Wann eine Vorlesung oder Übung schließt, wird in ihr mündlich bekannt gegeben.

Zulassung zu Vorlesungen und Übungen

1. An den Vorlesungen und Übungen kann man in dreifacher Eigenschaft teilnehmen, als Studierender, Hospitant oder Hörer.

Als *Studierende* können im allgemeinen nur aufgenommen werden: Kaufleute, welche die Berechtigung zum Einjährig-Freiwilligen-Dienst erworben und die Lehrzeit beendet haben; Abiturienten der höheren neunklassigen Lehranstalten des Deutschen Reiches und der entsprechenden Lehranstalten des Auslandes; Lehrer und Lehrerinnen, welche die Prüfung als Oberlehrer oder die zweite Lehramtsprüfung bestanden haben. Nur ausnahmsweise können auch solche Personen aufgenommen werden, welche diesen Bedingungen nicht entsprechen, wenn sie in der Lage sind, eine anderweitige genügende Vorbildung nachzuweisen.

Die Aufnahme der Studierenden erfolgt durch die *Immatrikulation:* sie verpflichten sich durch Namensunterschrift und Handschlag dem Rektor gegenüber auf die Ordnungen der Handels-Hochschule und erhalten von ihm eine Urkunde, die Matrikel. Die Immatrikulationen finden an bestimmten Terminen statt, die erste am 26. April.

Die Studierenden zahlen für die Teilnahme an Vorlesungen und Übungen eine *Bauschgebühr*, die bei Inländern 125 M, bei Ausländern

250 M für das Semester beträgt und sie zur Teilnahme an Vorlesungen und Übungen bis zu 24 Wochenstunden berechtigt.

Als *Hospitanten* können solche Personen aufgenommen werden, die ihrer Vorbildung nach als Studierende aufgenommen werden könnten, bei denen aber persönliche Verhältnisse dem entgegenstehen. Ihre Aufnahme erfolgt durch Bewilligung des Rektors, über die Aufnahme erhalten sie eine Bescheinigung, den Hospitantenschein. Sie bezahlen die Vorlesungen und Übungen, an denen sie teilnehmen, einzeln. Das *Kollegiengeld* beträgt für das Semester für jede Wochenstunde 10 M (Ausländer 20 M), jedoch bei den nach 6 Uhr abends liegenden einstündigen Vorlesungen nur 5 M (Ausländer 10 M). Inhaber des Diploms einer deutschen Handels-Hochschule und die Studierenden der Technischen Hochschule Berlin entrichten für jede Wochenstunde 5 M. Vollimmatrikulierte Studierende anderer Hochschulen entrichten bei mehrstündigen Vorlesungen für die Wochenstunde 5 M.

Als *Hörer* kann jedermann aufgenommen werden, der Nachweis einer bestimmten Vorbildung ist nicht erforderlich. Die Aufnahme als Hörer erfolgt durch Bewilligung des Rektors, der als Hörer Aufgenommene erhält eine Hörerkarte. Auch die Hörer bezahlen die Vorlesungen und Übungen einzeln. Die *Hörgebühr* beträgt für das Semester für jede einstündige Vorlesung 10 M, jedoch bei den nach 6 Uhr abends liegenden Vorlesungen nur 5 M.

Die Berechtigung zur Teilnahme an Vorlesungen und Übungen ist für Studierende, Hospitanten und Hörer nicht die gleiche. Die Studierenden können ohne Einschränkung an Vorlesungen und Übungen aller Art teilnehmen. Die Hospitanten können dies im allgemeinen auch, nur zu den der Gefahr der Überfüllung besonders ausgesetzten Sprachkursen im Englischen und Französischen sind sie nicht zugelassen. Die Hörer sind grundsätzlich nur zu einstündigen Vorlesungen zugelassen, nur durch besondere Bewilligung des Rektors können sie die Zulassung zu mehrstündigen Vorlesungen und Übungen erlangen.

Bei vielen Übungen, besonders bei den Übungen für Vorgerückte, ist es unzweckmäßig, wenn die Zahl der Teilnehmer zu groß ist oder wenn einem Teil von ihnen die notwendige Vorbildung fehlt. Die Teilnahme an solchen Übungen ist deshalb von einer in das freie Ermessen des Leiters gestellten *Aufnahme* abhängig, was im Vorlesungsverzeichnis durch ein (A) ausgedrückt ist.

2. Die Studierenden, Hospitanten und Hörer müssen die einzelnen Vorlesungen, die sie zu hören wünschen, *belegen.*

Die *Studierenden* erhalten bei der Immatrikulation ein Meldungsbuch. Sie tragen in dieses die gewünschten Vorlesungen und Übungen ein und legen es hierauf in der Hochschulkasse zur Abstempelung vor.

Die *Hospitanten* geben auf dem Sekretariat an, an welchen Vorlesungen und Übungen sie teilzunehmen wünschen. Die belegten Vorlesungen und Übungen werden ihnen in den Hospitantenschein eingetragen.

Die *Hörer* geben in der gleichen Weise die in Aussicht genommenen Vorlesungen an. Die belegten Vorlesungen werden auf ihrer Hörerkarte vermerkt.

Das Belegen der Vorlesungen und Übungen kann *bis zum 31. Mai* hinausgeschoben werden, bis dahin ist die vorläufige Teilnahme möglich. Wer sich zur Immatrikulation erst gemeldet hat, kann daher, bevor sie erfolgt ist, bereits Vorlesungen und Übungen besuchen. Wer im Zweifel ist, ob er eine Vorlesung oder Übung belegen soll, kann sie zunächst einige Zeit besuchen, um sie kennen zu lernen.

Hat ein Studierender eine Vorlesung belegt, die ihm nachträglich als zu schwierig oder aus anderen Gründen ungeeignet erscheint, so kann er bis zum 31. Mai an ihrer Stelle eine andere Vorlesung belegen.

Wahl der Vorlesungen und Übungen

1. Bei der Wahl der zu belegenden Vorlesungen und Übungen muß man sich darüber klar sein, daß man in der zur Verfügung stehenden Zeit nicht alle an der Handels-Hochschule gelehrten Fächer studieren kann.

Ein ordnungsmäßiges Studium an der Handels-Hochschule fordert eine *Studienzeit* von 4 bis 5 Semestern, dies kommt darin zum Ausdruck, daß der Studierende zur kaufmännischen Diplomprüfung erst nach 4, zur Handelslehrerprüfung erst nach 5 Semestern zugelassen wird. Diese Studienzeit ist ein Mindestmaß, und wer längere Zeit, etwa 6 Semester, auf das Studium verwenden kann, wird Vorteil davon haben. Mancher hat nicht einmal 4 bis 5 Semester zur Verfügung und muß deshalb darauf verzichten, seinem Studium durch das Bestehen einer Prüfung einen äußeren Abschluß zu geben. Jeder, auch wenn er noch so viel Zeit hat, muß sich mit einem Teil des Wissensstoffes begnügen, den die Hochschule bietet.

An der Handels-Hochschule werden zahlreiche *Fächer* gelehrt: Privatwirtschaftslehre (Handelswissenschaft), Volkswirtschaftslehre, Rechtswissenschaft, Versicherungslehre, Genossenschaftslehre, Chemie, Physik,

Geographie und Sprachen. Unter ihnen muß man für das Studium von vornherein eine kleinere Anzahl ins Auge fassen, was nicht hindert, daß später Abweichungen von dem ursprünglichen Plan stattfinden.

Als Gegenstände des Studiums werden in der Regel Privatwirtschaftslehre, Nationalökonomie und Rechtswissenschaft in Betracht kommen, neben diese Fächer wird man je nach Neigung noch Physik, Chemie, Geographie, Versicherungs- oder Genossenschaftslehre oder eine Sprache treten lassen, wobei man sich freilich hüten muß, sich durch Beschäftigung mit zu vielen Fächern zu zersplittern. Wenn bei Beginn des Studiums bereits ein fest bestimmtes Lebensziel vorliegt, so können indessen die Zusammenstellungen auch recht wohl anderer Art sein: ein künftiger Industrieller kann etwa unter Verzicht auf Rechtswissenschaft die Naturwissenschaften in den Vordergrund stellen.

2. In den für das Studium in Aussicht genommenen Fächern muß man unter den verschiedenen Vorlesungen und Übungen eine *Auswahl* treffen. Es kommen nicht nur die in diesem Vorlesuugsverzeichnis aufgeführten Vorlesungen und Übungen, sondern auch noch weitere in Betracht. Die wichtigsten Vorlesungen und Übungen werden allerdings in jedem Semester gehalten. Es gibt aber auch solche, die nur alle 2 oder 4 Semester stattfinden, z. B. Zahlungsverkehr, Warenkalkulation, moderne Gesellschaft, Geldwesen, Zivilprozeß, Konkursrecht, Staatsrecht, Verwaltungsrecht, Mitteleuropa, organische Chemie, anorganische Chemie. Infolgedessen werden noch mehr Vorlesungen und Übungen geboten als in einem einzelnen Vorlesungsverzeichnis zur Erscheinung kommen, und die Auswahl ist schwer.

Zunächst soll man die Vorlesungen und Übungen für Anfänger belegen, erst hernach die für Vorgerückte. Der Studierende muß der Versuchung widerstehen, bereits im Anfang die Spezialvorlesungen über solche Gegenstände zu hören, die ihn besonders interessieren, etwa, wenn er aus dem Bankfach kommt, die Vorlesungen über Bankbetriebslehre und Bank- und Börsenrecht. Solche Spezialvorlesungen sind in der Regel für Vorgerückte bestimmt, sie setzen den Inhalt anderer allgemeiner Vorlesungen voraus. Nur in dem Notfalle, daß jemand dem Studium bloß eine kurze Zeit, etwa ein oder zwei Semester, widmen kann, läßt es sich rechtfertigen, neben den Anfängervorlesungen zugleich die auf sie aufbauenden Vorlesungen für Vorgerückte zu hören.

Man wird gut daran tun, in den umfangreicheren Wissensgebieten das Studium bereits im ersten, spätestens im zweiten Semester zu beginnen, nur auf diese Weise kann man in ihnen eine richtige Reihenfolge der aufeinander aufgebauten Vorlesungen und Übungen inne halten. Das Studium dieser Wissensgebiete kann sich nicht hintereinander vollziehen, sondern nur nebeneinander fortschreiten.

Der Stundenplan eines jeden Semesters muß von *vier oder fünf Hauptvorlesungen* und den sie ergänzenden Übungen beherrscht sein, so der des ersten Semesters etwa von allgemeiner Privatwirtschafts- oder Welthandelslehre, allgemeiner Nationalökonomie, bürgerlichem Recht und Übungen im bürgerlichen Recht und allgemeiner Geographie. Nur soweit neben diesen großen Vorlesungen und Übungen noch Zeit und Kraft übrig sind, kann das Anhören von solchen Vorlesungen empfohlen werden, die sich auf interessierende Einzelheiten beschränken wie die Vorlesung über Patentrecht oder der allgemeinen Bildung dienen wie die Vorlesung über Philosophie.

3. Indem man eine Anzahl von Vorlesungen und Übungen belegt, verfügt man über einen bestimmten Teil seiner Zeit. Auch aus diesem Gesichtspunkte muß man bei der Wahl mit der größten Umsicht vorgehen.

Man soll *nicht zuviel belegen.* Wieviel, wird von der Gesundheit und Ausdauer des einzelnen abhängen. Man soll nur soviel Vorlesungen hören, daß man sich das Gehörte geistig aneignen kann, und nur an soviel Übungen teilnehmen, daß man in ihnen regelmäßig mitzuarbeiten vermag. Die Höchstzahl von 24 Wochenstunden, auf die der Studierende für die Bauschgebühr ein Anrecht hat, kann ausnahmsweise mit Zustimmung des Rektors überschritten werden; im allgemeinen wird man gut daran tun, eher etwas hinter ihr zurückzubleiben.

Beim Belegen soll man nach einer *guten Zeiteinteilung* streben. Es ist verfehlt, an einem Tage etwa 6 Stunden hintereinander ohne Unterbrechung an Vorlesungen und Übungen teilzunehmen, denn während der letzten Stunden läßt sich nicht mehr das erforderliche Maß von geistiger Kraft aufbringen. Es ist ebenso verfehlt, den Stundenplan so einzurichten, daß mit zahlreichen Pausen fast alle Vor- und Nachmittage besetzt sind, denn auf diese Weise geht viel Zeit verloren, und die häusliche Arbeit leidet. Es gilt ein richtiges Mittelmaß inne zu halten.

Eine gute Zeiteinteilung ist so wichtig, daß sie es unter Umständen sogar rechtfertigen kann, von der richtigen Reihenfolge der Vorlesungen und Übungen abzuweichen. Die Ziele der Studierenden sind verschieden, infolgedessen läßt es sich nicht vermeiden, daß selbst der noch so sorgfältig aufgestellte Stundenplan einer Hochschule den Bedürfnissen des einen oder anderen nicht entspricht. Bei der Wahl der zu belegenden Vorlesungen wird der Studierende nicht selten in die Lage kommen, unter mehreren Unzuträglichkeiten die geringere wählen zu müssen.

Drucksachen, Anfragen

1. Näheres über die Handels-Hochschule ist aus den amtlichen Drucksachen zu ersehen.

Die *Ordnungen* der Handels-Hochschule Berlin enthalten die Bestimmungen über die Aufnahme von Studierenden, Hospitanten und Hörern, die Gebührenordnungen, die Prüfungsordnungen und die zu ihnen ergangenen Ausführungsvorschriften. Sie kosten 0,50 M.

Das *Vorlesungsverzeichnis* (amtliches Verzeichnis der Vorlesungen und Übungen) kostet 0,30 M.

Das *Personalverzeichnis* (amtliches Verzeichnis des Personals und der Studierenden) kostet 0,20 M.

Die *Jahresberichte* der Handels-Hochschule enthalten ausführliche Angaben über den Besuch der Handels-Hochschule im verflossenen Studienjahre und die in ihm geleistete Arbeit. Der Bericht über die erste Rektoratsperiode 1906/1909, erstattet von dem Rektor Prof. Dr. Jastrow, kostet 3 M. Der Bericht über das vierte und fünfte Studienjahr 1909/1911, erstattet von dem Rektor Prof. Dr. Binz, kostet 1,50 M. Die Berichte über das sechste Studienjahr 1911/1912 und über das siebente Studienjahr 1912/1913, erstattet von dem Rektor Prof. Dr. Binz, kosten je 1,20 M.

Alle diese Drucksachen sind im Verlag von Georg Reimer, Berlin W 10 erschienen und durch jede Buchhandlung sowie unmittelbar durch die Verlagsbuchhandlung zu beziehen. Die Ordnungen, das Vorlesungs- und Personalverzeichnis übersendet auf Wunsch auch das Sekretariat.

2. Anfragen über die Handels-Hochschule sind zu richten:

An den Rektor der Handels-Hochschule
Berlin C 2, Spandauer Straße 1.

Anfragen, bei denen es sich um Immatrikulationsbedingungen, Drucksachen und ähnliches handelt, sind zu richten:

An das Sekretariat der Handels-Hochschule
Berlin C 2, Spandauer Straße 1.

Lehrkörper

– Die fett gedruckten Ziffern verweisen auf die Nummern der Vorlesungen. –

Rektor der Handels-Hochschule

Dr. Eltzbacher, Professor.

Prorektor

Dr. Binz, Professor.

Dozenten im Hauptamte

– telephonisch erreichbar in der Handels-Hochschule mit den Anschlüssen Zentrum 108 28, 108 29, 108 30 –

Dr. Binz, Professor der Chemie, W 50, Neue Ansbacher Str. 9 III, Kurfürst 6959. – Sprechstunde Mi 12-1 im Chemischen Institut, Zimmer 210. – **69, 70, 71, 72, 73.**

Dr. Eltzbacher, Professor der Rechtswissenschaft, Berlin-Grunewald, Fontanestr. 8. – Sprechstunde nach den Vorlesungen im Rektoratszimmer. – **1, 49, 56, 58.**

Dr. Esslen, Professor der Volkswirtschaftslehre, Berlin-Schöneberg, Freiherr-vom-Stein-Str. 10, Nollendorf 8351. – Sprechstunde nach den Vorlesungen im Hochschulgebäude, Zimmer 207. – **35, 36, 37, 45.**

Dr. Hellauer, Professor der Handelswissenschaften, Zehlendorf-West, Seestr. 53. – Sprechstunde Mi 12-1 und nach den Vorlesungen im Hochschulgebäude, Zimmer 206 a. – **5, 13, 14, 17, 23.**

Leitner, Professor der Handelswissenschaften, Charlottenburg, Windscheidstr. 5. – Sprechstunde nach den Vorlesungen im Hochschulgebäude, Zimmer 108. – **12, 16, 22, 24, 27.**

Dr. Martens, Professor der Physik, NW 87, Tile-Wardenberg-Str. 19 III. – *Im Heeresdienst.* – **74, 75, 77, 78, 79.**

Dr. Preuß, Professor des öffentlichen Rechts, W 10, Matthäikirchstr. 29. – Sprechstunde nach den Vorlesungen im Hochschulgebäude, Zimmer 106. – **54, 55, 59.**

Dr. Prion, Diplom-Kaufmann, Professor der Handelswissenschaften, Berlin-Grunewald, Charlottenbrunner Str. 1, Uhland 2328. – *Im Heeresdienst.* – **3, 7, 21, 26, 31.**

Dr. Schär, Professor der Handelswissenschaften, Berlin-Lichterfelde-Ost, Schillerstr. 26, Lichterfelde 3658. – Sprechstunde Mi von 12 an im Hochschulgebäude, Zimmer 1. – **4, 6, 8, 25.**

Dr. Sombart, Professor der Staatswissenschaften, Charlottenburg, Trendelenburgstr. 11. – Sprechstunde Mi, Do 2 im Hochschulgebäude, Zimmer 104. – **28, 30, 44.**

Dozenten im Nebenamte

Dr. Apt, Professor, Syndikus der Aeltesten der Kaufmannschaft von Berlin und Syndikus der Handels-Hochschule, W 9, Bellevuestraße 17. – Sprechstunde Mi 12-1 in seinem Amtszimmer Neue Friedrichstr. 51 I. *Liest nicht.*

Dr. v. Bortkiewicz, a. o. Professor an der Universität, Berlin-Halensee, Johann-Sigismund-Str. 2. – Sprechstunde nach der Vorlesung. – **29.**

Dr. Crüger, Professor, Justizrat, Anwalt des Allgemeinen Deutschen Genossenschafts-Verbandes. – Sprechstunde 9-10 im Bureau des Allgemeinen Deutschen Genossenschafts-Verbandes, Charlottenburg, Berliner Str. 102, Wilhelm 597. – **67, 68.**

Dr. Hager, Regierungsrat a. D., Generaldirektor der Preußischen Lebens-Versicherungs-Aktien-Gesellschaft, Mitglied des Direktoriums der Reichsversicherungsanstalt für Angestellte, W 8, Mohrenstr. 62. – Sprechstunde vor und nach der Vorlesung im Hochschulgebäude, Zimmer 103. – **63, 64.**

Hecht, Hermann, Kaufmann, Mitinhaber der Firma Hecht, Pfeiffer & Co., Mitglied der Handelskammer zu Berlin, SW 68, Ritterstr. 48, Moritzplatz 10387, 10388. – Sprechstunde vorm. 9-10, Ritterstr. 48. *Liest nicht.*

Dr. Heilfron, Professor, Amtsgerichtsrat, Charlottenburg, Fasanenstr. 6, Steinplatz 10012. – Sprechstunde nach den Vorlesungen im Hochschulgebäude, Zimmer 2. – **47, 53.**

Dr. Herrmann, Professor, Privatdozent an der Universität, Schriftleiter der Gesellschaft für deutsche Erziehungs- und Schulgeschichte, W 50, Augsburger Str. 34 III. – Sprechstunde Mo, Do 4-5 in der Privatwohnung. – **103.**

Dr. Hoeniger, Professor, Privatdozent an der Universität, Lehrer an der Kriegsakademie, W 50, Kurfürstendamm 231, hochparterre. – *Im Heeresdienst.* – **32, 33.**

Hoffmann, J., Bureaudirektor der Korporation der Kaufmannschaft, C 2, Neue Friedrichstr. 51 (Verkehrsbureau, Zentrum 10774, 10775). – Sprechstunde nach der Vorlesung in der Hochschule. – **20.**

Dr. Jessen, Geheimer Regierungsrat, Direktor am Kunstgewerbe-Museum, SW 11, Prinz-Albrecht-Str. 7a, Zentrum 2569. – Sprechstunde nach der Vorlesung im Hochschulgebäude. – **105.**

Dr. Justi, Professor, Direktor der Königlichen National-Galerie, Berlin-Westend, Karolinger Platz 3, Wilhelm 778. – *Im Heeresdienst.* – **104.**

Dr. Köbner, a. o. Professor an der Universität, Geheimer Admiralitätsrat und vortragender Rat im Reichs-Marine-Amt, W 10, Matthäikirchstr. 28, Lützow 5194. – Sprechstunde nach der Vorlesung. – **41.**

Dr. Kriele, volkswirtschaftlicher Beirat der Aeltesten der Kaufmannschaft von Berlin, Berlin-Grunewald, Friedenthalstr. 21. – Sprechstunde werktäglich von 10-11 Neue Friedrichstr. 51 I. – **46.**

Dr. Kuczynski, Direktor des Statistischen Amts der Stadt Berlin-Schöneberg, Schlachtensee, Terrassenstr. 17, Zehlendorf 1394. – Sprechstunde nach den Vorlesungen im Hochschulgebäude, Zimmer 103. – **39.**

Dr. Kühne, Geheimer Regierungsrat, ordentliches Mitglied des Landesgewerbeamts, Charlottenburg, Schloßstr. 17. – **99, 100, 101.**

Dr. Freiherr v. Liebig, Professor, Geheimer Regierungsrat, Direktor im Kaiserlichen Aufsichtsamt für Privatversicherung, W 15, Ludwigskirchstr. 10 III. – Sprechstunde vor und nach den Vorlesungen im Hochschulgebäude, Zimmer 103. – **60, 65.**

Dr. v. Luschan, o. Professor an der Universität, Geheimer Regierungsrat, Berlin-Südende, Oehlertstr. 26, Tempelhof 3222. – Sprechstunde nach der Vorlesung. – **83.**

Dr. Manes, Professor, Generalsekretär des Deutschen Vereins für Versicherungswissenschaft, W 30, Aschaffenburger Str. 10, Lützow 9243. – **61, 62, 66.**

Dr. Marcuse, Professor, Privatdozent an der Universität, Lehrer beim Luftschiffer-Bataillon und an der Militärtechnischen Akademie, Charlottenburg, Dahlmannstr. 12, Steinplatz (7763). – Sprechstunde nach den Vorlesungen und Übungen. – **76, 84, 88.**

Dr. Meyer, F., Geheimer Justizrat, Kammergerichtsrat, W 15, Hohenzollerndamm 207. – Sprechstunde 5-6 in der Privatwohnung. – **51, 52.**

Dr. Muthesius, Geheimer Regierungsrat, Nikolassee, Dreilindenstraße. *Liest nicht.*

Dr. Osterrieth, Professor, Generalsekretär des Deutschen Vereins für den Schutz des gewerblichen Eigentums, Berlin, Bureau W 66, Wilhelmstr. 57-58 II, Zentrum 5404. – Sprechstunde 12-2 im Bureau. – **50.**

Dr. Palme, Lehrer am Orientalischen Seminar der Universität, W 57, Bülowstr. 67 III. – *Im Heeresdienst.* – **89.**

Paschke, Verlagsbuchhändler, Inhaber der Haude & Spenerschen Buchhandlung Max Paschke, SW 11, Dessauer Str. 13. – Sprechstunde täglich 11-1, Dessauer Str. 13. – **15.**

Dr. Rahts, Professor, Regierungsrat und Mitglied des Kaiserlichen Statistischen Amtes, Berlin-Wilmersdorf, Rüdesheimer Platz 11, Uhland 1070. – Sprechstunde täglich von 4-5 in der Privatwohnung. – **34.**

Lic. Dr. Rohrbach, Berlin-Friedenau, Stierstr. 19, Pfalzburg 2281. – Sprechstunde nach den Vorlesungen in der Hochschule. – **42.**

Dr. v. Seefeld, Geheimer Oberregierungsrat, vortragender Rat im Ministerium für Handel und Gewerbe, Zehlendorf, Knesebeckstr. 5. – Sprechstunde nach der Vorlesung im Hochschulgebäude. – **43.**

Dr. Somary, NW 23, Klopstockstr. 15, Moabit 5524. — *Mitglied der belgischen Zivilverwaltung.*

Dr. Tiessen, Professor, Wannsee, Waltharistr. 11, Wannsee 248. – *Im Heeresdienst.* – **81, 86.**

Dr. Wegener, Georg, Professor, W 50, Prager Str. 36. – *Als Kriegskorrespondent im Großen Hauptquartier.* – **82, 85.**

Dr. Ziegel, Direktor der Versicherungs-Gesellschaft „Victoria zu Berlin", Berlin-Wilmersdorf, Konstanzer Str. 52. – Sprechstunde nach den Vorlesungen im Hochschulgebäude. – **18, 19.**

Mit Vorlesungen betraut

Baschin, Professor, Kustos des Geographischen Instituts der Universität, W 15, Pariser Str. 14a. – Sprechstunde nach der Vorlesung im Hochschulgebäude. – **80, 87.**

Dr. v. Erdberg, W 50, Augsburger Str. 61 (Zentralstelle für Volkswohlfahrt), Lützow 2637.

Dr. Gerstner, D. H. H. L., beeidigter Bücherrevisor bei der Handelskammer zu Berlin und der Potsdamer Handelskammer, Sitz Berlin, Charlottenburg, Suarezstr. 27, Wilhelm 2996. – **9.**

Dr. Haas, Chefredakteur des Berliner Börsen-Courier, Berlin-Schöneberg, Innsbrucker Str. 20, Nollendorf 438. – Sprechstunde nach der Vorlesung im Hochschulgebäude, Zimmer 103. – **11.**

Dr. Hoffmann, J. F., Professor am Institut für Gärungsgewerbe zu Berlin, Berlin-Niederschönhausen, Kaiser-Wilhelm-Str. 79. – Sprechstunde nach der Vorlesung in der Hochschule.

Dr. Jäckh, Professor, Leiter der Deutsch-Türkischen Vereinigung, W 35, Schöneberger Ufer 36a. – **38.**

Dr. Liebert, stellv. Geschäftsführer der Kantgesellschaft, W 15, Fasanenstraße 48. – **102.**

Mantzke, Dipl.-Handelslehrer, Charlottenburg, Kaiser-Friedrich-Str. 34, Wilhelm 6855. – Sprechstunde nach der Vorlesung in der Hochschule. – **10.**

Dr. Nußbaum, Rechtsanwalt, Privatdozent an der Universität, W 62, Lützowufer 24. – Sprechstunde nach der Vorlesung im Hochschulgebäude, Zimmer 103. – **48, 57.**

Röthe, Geheimer Oberpostrat, vortragender Rat im Reichspostamt, W 50, Kulmbacher Str. 3. – Sprechstunde nach der Vorlesung im Hochschulgebäude. — *Liest nicht.*

Dr. Zoepfl, a. o. Professor an der Universität, Geheimer Oberregierungsrat und vortragender Rat im Reichskolonialamt, NW 6, Schiffbauerdamm 27. – Sprechstunde nach der Vorlesung im Hochschulgebäude. – **40.**

Lektoren

Brandenburg, Professor, Oberlehrer, W 30, Landshuter Str. 22. – Sprechstunde im Anschluß an die Übungen im Hochschulgebäude. – **90, 91.**

Dr. Hecker, Professor, Lektor an der Universität, Berlin-Steglitz, Arndtstr. 38. – Sprechstunde nach den Übungen. – **93, 94.**

Nizami Bey, Charlottenburg, Kurfürstendamm 42. – Sprechstunde nach den Übungen. – **98.**

Baron v. d. Osten-Sacken, Lehrer an der Kriegsakademie, Berlin-Wilmersdorf, Babelsberger Str. 8. – Sprechstunde 11-1 Prinz Albrecht-Str. 3. – **97.**

de Palacios, Konsul a. D., Berlin-Steglitz, Mariendorfer Str. 57. – Sprechstunde nach den Übungen. – **95, 96.**

Dr. Pariselle, Professor, Lehrer an der Kriegsakademie, Lektor an der Universität, W 30, Landshuter Str. 36, Kurfürst 2221. – Sprechstunde im Anschluß an die Übungen im Hochschulgebäude. – **92.**

Dr. Paszkowski, Professor, Leiter der Akademischen Auskunftsstelle an der Universität und Lektor der deutschen Sprache daselbst, Direktor des deutschen Instituts für Ausländer (Böttinger-Studienhaus), NW 7, Bauhofstr. 7. – z. Z. Dezernent für Hochschulen bei dem Verwaltungschef des Generalgouvernements Warschau. – **2.**

Lehrer für Stenographie

Coprian, Heinrich, Lehrer, N 58, Greifenhagener Str. 49. – Sprechstunde vor den Übungen. – **106, 107.**

Institute und Seminare

Physikalisches Institut, 1. Stock.

Direktor: Dr. Martens, Professor.

Mechaniker: Horch.

Chemisches Institut, 2. Stock.

Direktor: Dr. Binz, Professor.

Assistent: Goldenzweig, Diplomingenieur, Charlottenburg Cauerstraße 9.

Institutsdiener: Köster. – *Im Heeresdienst.*

Handelswissenschaftliches Seminar, Erdgeschoß, Z. 3, 4.

Direktoren: Dr. Hellauer, Professor.
Leitner, Professor.
Dr. Prion, Professor.
Dr. Schär, Professor.

Privatassistenten: Luc. Wiernik, W 30, Bamberger Str. 30, bei Professor Leitner.
Dr. Eisfeld, Diplomhandelslehrer, W 57, Yorckstr. 45, bei Professor Schär.

Welthandelsarchiv, 2. Stock, Z. 206b.

Direktor: Dr. Hellauer, Professor.

Assistenten: Wille, Diplomhandelslehrer. – *Im Heeresdienst.*
Linhard, Student an der Handels-Hochschule, N 24, Oranienburger Str. 86a.
Dr. Stahl, NW 6, Albrechtstr. 22 II.

Volkswirtschaftlich-juristisches Seminar, 1. Stock, Z. 105.

Direktoren: Dr. Sombart, Professor.
Dr. Eltzbacher, Professor.

Geographisches Seminar, 1. Stock, Zimmer 126.

Direktoren: Dr. Tiessen, Professor.
Dr. Wegener, Professor.

Astronomisch-geographische Übungsstation,
Heiligegeiststr. 1.

Direktor: Dr. Marcuse, Professor.
Privatassistent: Dr. Benignus, W 10, Tiergartenstr. 29a.

Englisches Seminar, 1. Stock, Zimmer 124.

Direktor: –

Romanisches Seminar, 1. Stock, Zimmer 124.

Direktor: –

Russisches Seminar, 1. Stock, Zimmer 124.

Direktor: Dr. Palme.

Seminar für Handelslehrer, 1. Stock, Zimmer 107.

Direktor: Dr. Kühne, Geheimer Regierungsrat.
Assistent: Redell, Diplomhandelslehrer, N 37, Templiner Str. 18.

Vorlesungen und Übungen

Die Vorlesungen und Übungen der im Heeresdienst stehenden Dozenten sind mit dem Zeichen * versehen. Bei Fortdauer des Krieges wird die Abhaltung dieser Vorlesungen und Übungen durch andere Dozenten nur im Falle eines dringenden Bedürfnisses stattfinden.

Einführung in die Studien

Dozent

(1) Einführung in das Studium an der Handels-Hochschule – *Mo, Di, Fr, Sb 12-1 in den ersten drei Wochen des Semesters* . . . . Eltzbacher

Die Aufgaben und die Organisation der Handels-Hochschule. – Einrichtung des Studienplanes, Mitarbeiten in Vorlesungen und Uebungen, die häusliche Arbeit, Verwendung der Ferien. – Studium und Prüfung.

(2) *Deutsche Sprachkurse für Ausländer – *Mo, Do 8–10 vorm.* . . . . Paszkowski

– Kann bei Bedarf in 2 Kurse zerlegt werden. –

Grammatische und stilistische Uebungen. Sprechübungen über deutsche Landes- und Volkskunde, deutsches Geistes- und Wirtschaftsleben, deutsche Einrichtungen im Vergleich zu ausländischen. Schriftliche Nacherzählungen von eben Gehörtem oder Beobachtetem. Pflege der kaufmännischen Korrespondenz. Lektüre ausgewählter Abschnitte aus modernen Schriftstellern nach Paszkowski, Lesebuch zur Einführung in die Kenntnis Deutschlands und seines geistigen Lebens. 5. Auflage, Berlin, Weidmann 1911.

Bei den Ausländern, die die Handels-Hochschule besuchen, wird die Kenntnis der deutschen Sprache als selbstverständlich vorausgesetzt. Die deutschen Sprachkurse sollen ihnen nur Gelegenheit geben, sich weiter zu vervollkommnen.

Privatwirtschaftslehre

(Handelswissenschaft)

Dozent

Kaufmännischer Betrieb im allgemeinen

(3) * Allgemeine kaufmännische Privatwirtschaftslehre — *Mi 10-12* . . . . , ... Prion

Systematik. Inhalt der kaufmännischen Privatwirtschaftslehre: Die allgemeinen Grundlagen des kaufmännischen Betriebs: 1. Die Unternehmung als solche: Wesen, Arten, Formen (speziell die Aktien-Gesellschaft in privatwirtschaftlicher Beziehung). — 2. Standort der kaufmännischen Unternehmung. — 3. Die Arbeit in der kaufmännischen Unternehmung: Der Kaufmann, Hilfskräfte. — 4. Das Kapital in der kaufmännischen Unternehmung: a) Vermögen: Arten, Feststellung; b) Kapital: Beschaffung, Höhe; c) Gewinn: Umsatz, Kosten, Gewinnermittlung; d) Kredit: Quellen, Gewährung; e) Beziehungen zwischen Vermögen, Kapital und Kredit. — 5. Die Risiken der Unternehmung und ihre Beschränkung. — 6. Die Betriebsorganisation: Betriebsgliederung, Arbeitsteilung, -methoden, Kontrollen, mechanische Hilfsmittel. — 7. Die Ueberwachung der Vorgänge durch die Buchführung: Wesen, Aufgabe der Buchführung; Lehrschema und Praxis der Buchführung.

Das Verhältnis der allgemeinen kaufmännischen Privatwirtschaftslehre zur Handels-, Industrie- und Bankbetriebslehre.

(4) Allgemeine Handelsbetriebslehre — *Di 8-10 vorm.* Schär

Einführung in das Studium der Handelswissenschaften, insbesondere in die Betriebslehre; ihre wissenschaftliche Grundlage, Wesen und Begriff des Handels. Welthandel, Weltmarkt und Weltwirtschaft. Das ökonomische Prinzip als Leitmotiv des Handels. Allgemeine und abgeleitete Grundsätze für den Handelsbetrieb. Die Lehre vom Einkauf und Verkauf. Die Lehre vom Umsatz. Die Betriebskosten. Der Handelsbetrieb unter dem Einfluß der Entwicklungstendenzen im Handel (Groß- und Kleinbetriebe, Konkurrenz, Koalition, Spekulation, Konjunktur). Anwendung der Betriebsgrundsätze auf die Arten und Zweige des Handels. Die Unternehmungsformen; die Betriebsmittel (Eigen- und Fremd-Kapital). Kreditsicherung, Organisation der kaufmännischen Arbeit.

(5) Allgemeine Welthandelslehre: Nachrichten-, Güter- und Zahlungsverkehr — *Mi 10-12, Do 11-12* Hellauer

1. Nachrichten und Güterverkehr. Es werden die einzelnen Verkehrsarten und -zweige vornehmlich vom Standpunkt des Warenkaufmanns aus betrachtet und hauptsächlich besprochen bezüglich ihrer geschäfts- oder rechtsorganisatorischen Entwicklung sowie bezüglich der in ihnen vorkommenden Vertragsabschlüsse bezw. Verwaltungsakte und deren Durchführung in kaufmännischer Beziehung. Es sollen zur Behandlung kommen: Postverkehr, Telegraphenverkehr (speziell die Technik der Telegramm-Schlüssel), Eisenbahnverkehr (speziell Tarifwesen), Seeschiffahrt, Binnenschiffahrt, Umschlags- und Lagerhausverkehr, Transport- und Feuerversicherung, Zollverkehr, Speditionsgeschäft.

2. Zahlungsverkehr. Der Zahlungsverkehr und der damit zusammenhängende Kreditverkehr im internationalen Handel, speziell der Bankverkehr mit Uebersee.

Dozent

(6) Der Zahlungsverkehr – *Fr 8-9* . . . . Schär

1. Geld als Zahlungsmittel; Begriff und Funktionen des Geldes; vergleichende Zusammenstellung der Geldverhältnisse der Handelsvölker; Goldwährung als Weltwährung; die Goldpunkte; das Gesetz der erweiterten Parität; Geldtheorien usw. — 2. Die surrogativen Zahlungsmittel; Banknote, Papiergeld, Wechsel. — 3. Zahlung durch Vermittlung Dritter auf Grund von Gelddepots in gemeinsamen Kassen: Scheck, Auszahlung, Giro. — 4. Lokaler, nationaler und internationaler Zahlungsausgleich durch Verrechnung (Clearing). — 5. Kombinierte Zahlungssysteme (englisches, amerikanisches, Hamburger Zahlungssystem). – 6. Der Wechsel als internationales Zahlungsmittel; der dokumentierte Wechsel; Wechselkurse und Zahlungsbilanz.

(7) * Finanzierung kaufmännischer und industrieller Unternehmungen – *Di 11-1* . . . . Prion

A) Passive Finanzierung: 1. Geldbeschaffung bei Errichtung mit Eigenkapital, Personalkapital, Marktkapital (Finanzierung durch Aktien, Kuxe, Kolonialanteile), Kreditkapital.

2. Geldbeschaffung bei bestehenden Unternehmungen (Erweiterungskapitalien), Ueberschüsse, Kapitalerhöhung (Umwandlung in Aktiengesellschaft, Ausgabe junger Aktien, Fusionen, Agiopolitik, Vorzugsaktien, Sanierungen), Aufnahme von Schulden (Hypotheken, Obligationen, Kredite).

3. Die finanziellen Verhältnisse während des Betriebs: Anordnung von Vermögen, Kapital und fremden Mitteln; Bewertung, Sicherheit, Liquidität; Gewinn, Verlust, Rentabilität, Dividendenpolitik. Liquidation, Fusion, Konkurs.

B) Aktive Finanzierung: Der berufsmäßige Finanzier, Finanzierung als Bankgeschäftszweig, Beteiligungen, Tochtergesellschaften, Finanzierungsgesellschaften.

(8) Buchhaltung und Bilanz – *Di 11-12, Fr 10-12* vorm. Schär

Theoretischer Teil: Entwicklung der Grundbegriffe der Buchhaltung an einer Musterdarstellung. Geschichte und Theorie der Buchhaltung. Zweck, Mittel und Methoden der systematischen Buchhaltung. Ableitung der Kontensysteme. Eingangsbilanz, Geschäftsgang und Schlußbilanz; Kontrolle.

Praktischer Teil: Ableitung und kritische Vergleichung der in der Praxis vorkommenden Formen der doppelten Buchhaltung. Die Organisation der Buchhaltung, insbesondere Anpassung der Buchhaltung an die verschiedenen kaufmännischen und industriellen Betriebe und die gesellschaftlichen Unternehmungsformen. Gründungs-, Fusions- und Liquidationsbilanzen; Zwischenbilanzen und Filialbuchhaltung. Kalkulatorische Buchhaltung mit Bilanzstudien; Fortschritte in Theorie und Praxis mit Bezug auf monatliche und tägliche Zwischenbilanzen. Vergleichung der kameralistischen und der kaufmännischen Buchhaltung. Rechts- und Streitfragen aus dem Gebiete der Buchhaltung usw.

(9) Einführung in die Buchhaltung mit Übungen (für Studierende ohne Vorkenntnisse) – *Mo 9-10, Sb 8-10 vorm.* . . . . Gerstner

Wesen und Grundbegriffe der Buchhaltung und ihre Beziehungen zu Wirtschaft und Recht. Die Handelsbücher. Die

Dozent

Konten. Die Technik des Buchens. Die Vermögensrechnung, die Erfolgsrechnung und ihre Verbuchung. Die Anwendung der Grundsätze ordnungsmäßiger Buchführung nach den verschiedenen Buchhaltungsmethoden, veranschaulicht an kurzen, typischen Geschäftsgängen mit jeweiligem Abschluß. Inventarisierung und die Technik der Bilanzierung. Uebungen.

(10) Handelskunde und Handelsbriefwechsel (Einführung) – *Mi 4-6* . . . . Mantzke

Methodische Einführung in die Technik des Warenhandels, des Zahlungs- und Kreditverkehrs mit besonderer Berücksichtigung des Schriftverkehrs.

(11) Handelsjournalistik – *Mi 6-7* . . . . Haas

Einleitung: Aus der Organisation und der Technik der Zeitung. Die Zeitungen und ihr Publikum. Der Handelsteil und seine Bestandteile. Die verschiedenen Arten der Handelsberichterstattung. Zweck und Grenzen der Berichterstattung. Der Börsenbericht. Die auswärtigen Börsen. Der Bericht über den Geldmarkt. Die Bankausweise. Die Aktiengesellschaften und die Kursgestaltung. Die Lebensgeschichte der Aktiengesellschaft im Spiegel der Handelspresse. Die offiziellen Mitteilungen der Aktiengesellschaften. Besprechung und Kritik von Geschäftsberichten und Bilanzen. Berichte über Generalversammlungen.

Warenhandel und Fabrikbetrieb

(12) Spezielle Betriebslehre: Der Industriebetrieb – *Mi 8-10, Do 8-9* . . . . Leitner

Einleitung. 1. Betriebstechnik: Organisation des Kapitals; Finanzierung. Technische Oekonomik. Verwaltungstechnik (kaufmännische und technische Verwaltung, ihre Arbeitsgebiete); Materialverwaltung etc. Organisation der Arbeit und der Arbeiter. Löhnungsmethoden. Tarifgemeinschaften. Arbeiterausschüsse. Fabrikordnungen. Organisationspläne.

2. Verkehrstechnik: Organisation des Vertriebes. Produzentenhandel. Organe des unmittelbaren Absatzes und der Absatzvermittelung. Kartelle, Syndikate; ihre Betriebstechnik und privatwirtschaftliche Bedeutung.

3. Verrechnungstechnik: Fabrikbuchführung. Organisation der Selbstkostenberechnung. Die Probleme. Kalkulationstypen und -formen. Massenproduktion, Massenspezial- und Spezialfabrikation. Kostenanalyse. Rentabilitätsberechnungen. Betriebsstatistik und -Buchführung. Fabrikbilanzen.

(13) Spezielle Welthandelslehre: Balkanhandel und Handel in und mit Übersee (einschl. des näheren Orients) — *Di 11-1* . . . . Hellauer

Wirtschaftseinrichtungen und allgemeine Wirtschaftsverhältnisse, Organisation und Technik des Handels in den einzelnen Wirtschaftsgebieten und im Verkehr mit denselben.

(14) Warenkalkulation – *Di 10-11* . . . . Hellauer

Die handelstechnischen Grundlagen der Warenkalkulation. Preisparitäten und Paritätstabellen. Ein- und Verkaufskalkulationen mit kritischer Betrachtung verschiedener Methoden. Die Grundzüge der Produktionskalkulation.

Dozent

(15) Autoren und Verleger – *Do 8-9 abends* . . . . Paschke

Geschichtliche Entwicklung des literarischen Urheberrechts-Schutzes. – Die Rechte des Autors: Das Gesetz betr. das Urheberrecht an Werken der Literatur etc. – Der geschäftliche Verkehr zwischen Verleger und Autor und seine gebräuchlichen Formen. – Die Uebertragung der Rechte des Autors auf den Verleger: Das Gesetz über das Verlagsrecht. – Die Verträge des Verlegers mit den Autoren. – Die Kalkulation der Bücherpreise. — Der Kommissionsverlag. — Die Erwerbung der Vervielfältigungsrechte für Abbildungen durch den Verleger. – Der internationale Urheberrechts- und Uebersetzungsschutz.

– Gewerbliche Einzelvorträge. Im Mai halten in der Aula der Handels-Hochschule Vertreter der Praxis aus Handel und Industrie Vorträge über ihr besonderes Gebiet. Ueber diese Vorträge wird ein besonderes Programm ausgegeben. Sie sind den Studierenden ohne Entgelt zugänglich. –

Bankwesen

(16) Bankpolitik – *Do 10-11* . . . . Leitner

Staatliche und private Bankpolitik.

– Der Geldmarkt in den führenden Ländern siehe Nr. 31 —

(17) Bank- und Börsenverkehr (mit Berücksichtigung der Rechnungstechnik) – *Mo 11-1* . . . . Hellauer

Ueberblick über die Bankgeschäfte und die Arten der Banken. Die Börse und ihre Stellung zum Bankgeschäft. Wechsel und Scheck und die Geschäfte mit denselben, insbesondere Wechseldiskontgeschäft und Devisenhandel. Edelmetall- und Sortenhandel. Die Arten der Effekten nach ihren wirtschaftlichen Grundlagen, Emissionstechnik, Effektenhandel der Börse einschließlich Skontrierungstechnik, Prolongationen und Prämiengeschäfte; das Börsenkommissionsgeschäft. Die im Wechsel-, Metall-, Münz- und Effektenhandel nach den Handelsgebräuchen der wichtigsten Handelsplätze des In- und Auslandes sich ergebenden Berechnungen, insbesondere auch die Arbitragerechnung.

(18) Mathematische Grundlagen der Rechnungen im Bankgeschäft – *Do 6-7* . . . . Ziegel

Herleitung der Zinsen und der Zinseszinsformel. Berechnung der Zinsen im Kontokorrentverkehr. Mathematischer und kaufmännischer Diskont. Berechnung von Zeitrenten (Annuitäten). Tilgungsgleichung der Anleihen. Aufstellung und Erörterung des Tilgungsplans.

(19) Technik der Anleihen – *Do 7-8* . . . . Ziegel

Mathematische Hilfsmittel. Tilgung von Anleihen durch Ansammlung eines Tilgungsfonds. Tilgung in Raten durch gleichbleibende und veränderliche Jahresleistungen. Tilgung von Obligationen mit und ohne Agio. Konvertierung von Anleihen. Berechnung von Anleihekursen, Rentabilitätswerten und Kursparitäten.

Dozent

Verkehrswesen

(20) Eisenbahnverkehrs- und Tarifwesen – *Mi 8-9 abends* J. Hoffmann

Geschichtlicher Rückblick auf die Entstehung der deutschen Eisenbahnen. Deren Verwaltungseinrichtungen. Vorbereitung, Ausführung und Beendigung der Eisenbahngüterbeförderung an der Hand des Handelsgesetzbuchs, der Eisenbahnverkehrsordnung und des Internationalen Übereinkommens über den Frachtverkehr, belegt mit praktischen Beispielen. Das deutsche Eisenbahn-Gütertarifsystem in formeller und materieller Hinsicht. Regelrechte und Ausnahmetarife. Gruppierung der deutschen wie der internationalen Tarife. Praktische Anwendung der Tarife mit Beispielen. Eisenbahnräte. Eisenbahngeographie. Zoll- und steuergesetzliche für den Eisenbahnverkehr in Betracht kommende Bestimmungen usw.

Versicherungswesen

siehe unter Versicherungslehre Seite 32.

Übungen und Seminare

(21) * Besprechungen aus dem Gebiete der kaufmännischen Privatwirtschaftslehre – vornehmlich für Studierende des ersten Semesters – *Mi 4-6* . . . . Prion

Im Anschluß an die Vorlesung über Allgemeine kaufmännische Privatwirtschaftslehre — Nr. 3 –.

(22) Privatwirtschaftliche Übungen: Proseminar (A) . . Leitner

a) Abteilung für Bankkaufleute – } *Do 6-8*
b) Abteilung für Waren- und Industriekaufleute – }

Über Ziele und Zwecke vergleiche die Seminarordnung des Professors Leitner.

(23) Privatwirtschaftliches (handelswissenschaftl.) Seminar – *Do 9-11* . . . . Hellauer

Systematische Erweiterung und Vertiefung des Einblickes in Organisation und Technik des Handels und seiner Hilfsgewerbe durch Besprechungen, Uebungen und Vorträge der Studierenden. Anleitung zu wissenschaftlichen Arbeiten.

(24) Privatwirtschaftliches (handelswissenschaftl.) Seminar (A) – *Fr 8-10 vorm.* . . . . Leitner

Referate über größere privatwirtschaftliche Arbeiten.

(25) Handelswissenschaftliches Seminar für Kaufleute des Warenhandels, der Industrie und des Bankwesens – *Mi 10-12* . . . . Schär

Uebungen, Vorträge, Disputationen, Repetitorien aus dem gesamten Gebiete der allgemeinen und speziellen Handelsbetriebslehre; Besprechung einschlägiger Zeit- und Streitfragen sowie

Dozent

der neuen Literatur. Stellung von Problemen für die wissenschaftlichen Arbeiten und methodologische Anleitung dazu. Laufende Erhebungen über einzelne Erscheinungen aus dem Waren- und Kapitalmarkt usw.

(26) * Seminar für Bank- und Finanzwesen (A) – *Fr 5-7* Prion

Kolloquium über Tagesfragen. – Kritische Würdigung der Finanzpresse. – Lösung von Aufgaben aus der Bankpraxis. – Anfertigung von Gutachten, Referaten und wissenschaftlichen Arbeiten, vorzugsweise auf dem Gebiete des Bank- und Börsenwesens sowie der Finanzierung in Handel und Industrie.

(27) Buchhaltungsübungen (A) – *Fr 10-12* . . . . . Leitner

Besprechung und Verbuchung schwieriger Fälle der Buchhaltung verschiedener Geschäftszweige. Kurze Referate über einzelne Fragen der Organisation des Rechnungswesens (z. B. Kontrolle, Zuverlässigkeit, Kalkulationsbuchhaltung, Kritik der Formen und der Kontentheorien; Kontenwahl in gegebenen Fällen u. a.).

Voraussetzung der Aufnahme ist, daß die grundlegende Vorlesung – Theorie und Technik der Buchhaltung oder das Ganze der systematischen Buchhaltung — bereits gehört ist.

Volkswirtschaftslehre

Theoretische Nationalökonomie, Statistik

(28) Allgemeine Nationalökonomie – *Mi, Do 12-2* . . Sombart

1. Elemente des Wirtschaftslebens überhaupt: Wirtschaft; Produktion; Verteilung; Konsumtion; Ordnung des Wirtschaftslebens.

2. Das System der heutigen Verkehrswirtschaft: Der Markt und seine Erscheinungen (Geldwesen – Kreditwesen – Preisbildung). – Die Unternehmung. – Der Rythmus der modernen Verkehrswirtschaft (Lehre von der Konjunktur, von Hausse- und Baisseperioden, von Krisen usw.) – Der Verteilungsprozeß (Lehre vom Arbeitslohn, von Kapitalzins, Unternehmergewinn, Grundrente usw.).

(29) Das Geldwesen — *Do 11-12* . . . . v. Bortkiewicz

I. *Das Metallgeld.* Entstehung, Funktionen. Staatliche Regelung des Münzwesens. Nennwert, Metallwert, Kurswert der Münzen. Aeußerer und innerer Geldwert. Die Bedeutung der Stabilität des Geldwertes.

II. *Die Geldersatzmittel und das Papiergeld.* Wechsel, Schecks, Giro, Abrechnungsstellen. Banknoten, Papiergeld und Papierwährung. Die Gefahren der Papierwährung. Wiederherstellung der Valuta.

(30) Die Grundzüge der modernen Gesellschaft – *Di 8-9 abends* . . . . Sombart

I. Die Entwicklung der modernen Technik. II. Die Bevölkerung. 1. Die Zunahme der Bevölkerung. 2. Die örtliche Umschichtung der Bevölkerung. 3. Ursprung und Wesen der modernen Stadt. III. Die Gliederung der Bevölkerung nach Beruf und Besitz. IV. Die sozialen Klassen.

Dozent

(31) * Der Geldmarkt in den führenden Ländern – *Fr 8-9 abends* . . . . Prion

Begriff, Bedeutung des Geldmarktes, Entwicklung in den einzelnen Ländern. – Geldgeber und Geldnehmer, Einfluß der öffentlichen Gelder auf den Geldmarkt. – Die geschäftlichen Grundlagen des Geldmarktes: Wechseldiskont, Lombard, Devisen. – Die Zinssätze des offenen Geldmarktes: Privatdiskont, tägliches Geld, Ultimogeld, Report. – Die Stellung der Zentralnotenbanken zu den Geldmärkten: Diskontpolitik, offizieller Satz und Privatsatz. – Die Beziehungen zwischen den verschiedenen Geldmärkten. – Der internationale Geldmarkt.

(32) * Allgemeine Handelsgeschichte unter Berücksichtigung der welthistorischen Beziehungen – *Di 8-9 abends* Hoeniger

Der Handel der alten Welt. Zusammenbruch der antiken Kultur. Einfluß der christlichen Kirche auf die mittelalterliche Organisation des Handels. Politisches und merkantiles Vordringen des Islam. Handelsgeschichtliche Stellung der Juden im Mittelalter. Neue Anfänge des Städtewesens und des Bürgertums. Kreuzzüge. Umgestaltung der Welthandelsbeziehungen seit dem Zeitalter der Entdeckungen. Nationale Staatsbildung und Anfänge großkapitalistischer Entwicklung. Ueberseekolonisation und Handelskriege. Kontinentalsperre. Moderne Welthandelsmächte und Weltpolitik.

(33) * Die wirtschaftliche Bedeutung des Deutschtums im Ausland – *Di 7-8* . . . . Hoeniger

Mittelalterliche Kolonisation und auswärtige Handelsniederlassungen des alten Deutschen Reichs. Zusammenbruch der deutschen Weltstellung. Nationale Verluste durch Auswanderung. Neuer Aufschwung als Folge der Aufrichtung des neuen Deutschen Reichs. Veränderte Stellung und Haltung des Auslanddeutschtums. Heutige Verbreitung des Deutschtums über die Erde. Bedeutung der deutschen Kulturgemeinschaft und des nationalen Empfindens für unser Wirtschaftsleben.

(34) Wirtschaftsstatistik – *Do 6-7* . . . . Rahts

Volksvermögen und Volkseinkommen. – Begriff des Volksvermögens. – Feststellung desselben nach der realen Methode und nach der Personalmethode. – Methode von de Foville. Agrarstatistik. – Anbau und Produktion. – Viehzählungen und ihre Ergebnisse. – Internationale und historische Vergleiche. Lohnstatistik. – Englische, französische und deutsche Arbeitsstatistik. – Privatwirtschaftsstatistik.

Praktische Nationalökonomie, Finanzwissenschaft, Politik

(35) Volkswirtschaftspolitik (spezielle oder praktische Volkswirtschaftslehre): 1. Agrarpolitik – *Mi 8-10 vorm.* Esslen

Einleitung: Begriff und Aufgaben einer wissenschaftlichen Behandlung der Wirtschaftspolitik; der Charakter der heutigen deutschen Volkswirtschaft.

Die Entwicklung der Landwirtschaft und ihrer Verfassung in den von Germanen besiedelten Teilen Europas von der Völkerwanderung bis zum Ausgang des 18. Jahrhunderts. – Die Bauernbefreiung. — Die Feldsysteme. – Meliorationen. – Das Grundeigentum. – Geschlossenheit und Teilbarkeit des Grundbesitzes. – Die Familienfideikommisse. – Das Anerbenrecht. — Die Verteilung des Grundeigentums und die Betriebsgrößen. — Ansiedlungsgesetzgebung und innere Kolonisation. — Der landwirtschaftliche Kredit. – Die landwirtschaftliche Arbeiterfrage. – Die landwirtschaftlichen Genossenschaften. – Die Bewegung der Preise der landwirtschaftlichen Erzeugnisse und die landwirtschaftlichen Zölle.

(36) Volkswirtschaftspolitik: 2. Gewerbepolitik – *Di 8-10 vorm.* . . . . Esslen

Die gewerblichen Betriebsformen in ihrer geschichtlichen Entwicklung. – Das Handwerk. — Die Hausindustrie. – Die Fabrik. – Politik des Bergbaues. – Die finanzielle Organisation der kapitalistischen Großindustrie und die Monopolbildungen (Kartell und Trust). – Die gewerbliche Arbeiterfrage: der Arbeitsvertrag; die sozialpolitischen Parteien; die Arbeiterschutzgesetzgebung; die Wohlfahrtseinrichtungen; Vereinigungen von Arbeitern und Unternehmern; die Arbeiterversicherung.

(37) Volkswirtschaftspolitik: 3. Politik des auswärtigen Handels – *Fr 8-10 vorm.* . . . . Esslen

Begriff und Aufgaben der Politik des auswärtigen Handels. — Das Wesen des auswärtigen Handels. – Das Geld im auswärtigen Handel: Handelsbilanz und Zahlungsbilanz; die Kurse der auswärtigen Wechsel; die Lehre vom selbsttätigen Ausgleich der Zahlungsbilanz und die sog. Currencytheorie; die Diskontpolitik; die sonstigen Maßnahmen zum Ausgleich der Zahlungsbilanz; die Politik der Kapitalanlage im Auslande. — Die Ziele der Politik des auswärtigen Handels: Freihandel und Schutzzoll. – Die Mittel der Politik des auswärtigen Handels. – Die Entwicklung der Handelspolitik: Die Handelspolitik des Mittelalters; das Merkantilsystem; die Verwirklichung des Freihandels in Großbritannien; die Gründung des deutschen Zollvereins und die deutsche Handelspolitik bis zum Jahre 1879; der Uebergang des Deutschen Reiches zum Schutzzoll und die deutsche Handelspolitik der jüngsten Vergangenheit; die Handelspolitik Frankreichs, Rußlands, der Vereinigten Staaten, Oesterreich-Ungarns; Fragen der Gegenwart.

(38) Jungtürkische Geschichte – *Mi 8-9* . . . . . . Jäckh

Nationale, religiöse, soziale und geschichtliche Grundlagen des türkischen Staates. — Reformbestrebungen von Machmud II. bis Abdul Hamid. — Die Hamid'sche Aera. — Die Jungtürkische Revolution 1908 und ihre Entwicklung bis heute. – Die Auslandspolitik der Jungtürken. — Balkankrieg und Weltkrieg. — Die Deutsch-Türkische Zukunft im Rahmen von „Mittel-Europa".

(39) Handelspolitik – *Do 4-6* . . . . Kuczynski

Begriffliches. – Die merkantilistische Lehre. – Der Merkantilismus in England. – Der Merkantilismus in Preußen. – Die Freihandelslehre. – Der Freihandel in England. – Die

Dozent

Abkehr vom Merkantilismus in Preußen. — Die schutzzöllnerische Bewegung in Deutschland (List). — Die deutsche Freihandelsbewegung. — Der Uebergang Deutschlands zum Freihandel. — Der Uebergang Deutschlands zum Schutzzoll. — Die Schutzzollpolitik der 80er Jahre. — Die Handelspolitik Caprivis. — Die Handelspolitik Hohenlohes. — Die deutsche Handelspolitik im 20. Jahrhundert. — Die Handelspolitik Kanadas. — Die Handelspolitik der Vereinigten Staaten von Amerika.

(40) Probleme der Weltwirtschaftspolitik — *Mo 6-7* . . Zoepfl

Auswärtige Kapitalinvestition und Politik. — Aktuelle Fragen der auswärtigen Handelspolitik. — Die Organisation des Seeverkehrs. — Der internationale Geldmarkt im Frieden und im Kriege. — Probleme der Aus- und Einwanderung, der Rückwanderung und der internationalen Arbeiterbeschaffung. — Die weltwirtschaftliche Zahlungsbilanz der Großstaaten.

(41) Weltpolitik — *Di 7-8* . . . . Köbner

Die Weltpolitik in ihrer Bedeutung für die politische und wirtschaftliche Gesamtlage unserer Zeit. Europäische Politik und Weltpolitik. — Weltpolitik in den Kulturkreisen des Altertums und des Mittelalters. Entstehung der modernen Weltpolitik im Zeitalter der Entdeckungen. Die überseeische Ausbreitung der europäischen Nationen. — Der Wiedereintritt des geeinten Deutschlands in die Weltpolitik. Seine Entwicklung als Seemacht und als Kolonialmacht. Die Ausbreitung der deutschen Wirtschaftsinteressen in Europa und über See. — Weltpolitische Probleme der Gegenwart: Der britische Imperalismus und seine Ausartung. Probleme des Balkans und Vorderasiens. Die Aufteilung Afrikas. Amerikanische Probleme. Panama-Kanal und Suez-Kanal. Ostasiatische Probleme. — Weltpolitik und Weltkrieg.

(42) Deutschlands Uebersee-Interessen vor und nach dem Weltkriege — *Mi 7-8* . . . . Rohrbach

Ueberseeische Ausdehnungsversuche in früherer Zeit. Livland, die Hansa, Venezuela, die brandenburgische Kolonialpolitik. Preußische Ueberseepolitik bis zur Gründung des Reichs. Anfänge und Entwicklung des deutschen Kolonialwesens. Zunehmende weltwirtschaftliche und weltpolitische Verflechtung. Weltwirtschaft, Weltpolitik und Weltkrieg. Unsere zukünftigen Interessengebiete in der Welt.

(43) Das gewerbliche Unterrichtswesen im Rahmen der staatlichen Gewerbeförderung — *Sb 9-10 vorm.* . . v. Seefeld

Grundsätzliche Richtung der staatlichen Gewerbeförderung in der Zunftzeit und nach Einführung der Gewerbefreiheit.

Gewerbliches Schulwesen (Fortbildungsschulen für die männliche und die weibliche Jugend, Fachschulen, Hochschulen), Gewerbeförderung im engeren Sinne (Meisterkurse, Ausstellungshallen, Genossenschaftswesen).

Uebersicht über die staatlichen Maßregeln zur Erleichterung und Sicherung der gewerblichen Produktion und des Verkehrs.

Übungen und Seminare

(44) Übungen im Volkswirtschaftlichen Seminar (A) — *Mi 4-6* . . . . Sombart

Dozent

(45) Übungen zur Lehre vom Gelde – *Di 5-7* . . . Esslen

Erfolgreicher Besuch der Vorlesung über allgemeine Volkswirtschaftslehre Vorbedingung zur Zulassung.

(46) Übungen aus den Arbeitsgebieten der Interessenvertretungen von Handel und Industrie (A) – *Mi 6-8* Kriele

Seminaristische Uebungen zur gutachtlichen und verwaltenden Tätigkeit der Interessenvertretungen. Feststellung der verschiedenen Interessen und ihrer relativen Bedeutung bei Gesetzen und deren Ausführungsmaßnahmen.

Rechtswissenschaft

Privatrecht, Zivilprozeß

(47) Bürgerliches Recht – *Di 8-10, Do 9-11* vorm. . Heilfron

1. Allgemeine Lehren: Natürliche und juristische Personen. Geschäftsfähigkeit. Vertragsschluß. Verjährung.

2. Recht der Schuldverhältnisse: Inhalt, Begründung, Erlöschen, Uebertragung. Einzelne Schuldverhältnisse, insbesondere Kauf, Schenkung, Miete, Darlehn, Dienst- und Werkvertrag, Auftrag, Verwahrung, Bürgschaft. Haftung aus unerlaubten Handlungen.

3. Grundzüge des Sachen-, Familien- und Erbrechts: Grundbuchwesen, Ehegüterrecht, Rechtsverhältnis zwischen Eltern und Kindern, Vormundschaftswesen, Erbfolge, Erbenhaftung, Erbteilung, Testamentserrichtung.

(48) Hypothekenwesen – *Mi 7-8* . . . . Nußbaum

Grundbegriffe des allgemeinen Grundbuch- und Hypothekenrechtes. Eigentümerhypothek. Amortisationshypothek. Haftung der Miet- und Pachtzinsen. Uebergang der Hypothek. Hypothekenklage und vollstreckbare Urkunde. Sicherungshypothek und Grundschuld. Quellen und Bewegung der hypothekarischen Vesrchuldung. Erste und zweite Hypothek. Geldbeschaffung und Geldgeber auf dem Hypothekenmarkt. Bodenkreditinstitute (Landschaften, städtische Hypothekenämter, Hypothekenbanken usw.). Schätzungsämter. Die Kriegsprobleme des Hypothekenwesens.

(49) Handelsrecht – *Mo 9-11, Sb 9-10 vorm.* . . . Eltzbacher

1. Rechte und Pflichten der Kaufleute. Registerpflichten. — Pflicht zur Buchführung. Inventur und Bilanz. – Schutz der Firma. — Schutz der Warenzeichen. – Schutz gegen unlauteren Wettbewerb.

2. Der Kaufmann und seine Mitarbeiter. Rechtsstellung des Prokuristen, des Reisenden, des Verkäufers, des Buchhalters und der sonstigen Handlungsgehilfen. – Rechtsstellung des Handlungslehrlings. – Rechtsstellung des Agenten und des Maklers. — Rechtsstellung des Kommissionärs und des Spediteurs.

3. Die kaufmännischen Vereinigungen. Offene Handelsgesellschaft. – Kommanditgesellschaft. – Aktiengesellschaft. – Gesellschaft mit beschränkter Haftung. — Stille Gesellschaft.

4. Die Geschäfte des Kaufmanns. Kauf. – Frachtgeschäft. – Lagergeschäft. – Bank- und Börsengeschäfte.

– Versicherungsverwaltungsrecht siehe Nr. 63 –

Dozent

(50) Bekämpfung des unlauteren Wettbewerbs – *Fr 6-7* Osterrieth

Unlauterer Wettbewerb. – Wesen. – Geschichte seiner Bekämpfung. — Gesetz vom 7. Juni 1909. – Verhältnis zum Warenzeichenschutz. — Internationaler Schutz.

(51) Wechselrecht – *Mi 6-7* . . . . Meyer

Geschichte des Wechsels. — Bestimmungen der deutschen Wechselordnung. — Ausländische Wechselrechte, ihre Grundzüge und wesentlichen Abweichungen vom deutschen Recht. — Internationales Wechselrecht. — Das neue Weltwechselrecht. — Wirtschaftliche Bedeutung des Wechsels.

(52) Order- und Inhaberpapiere im Weltverkehr – *Mi 7-8* Meyer

Das Recht und die wirtschaftliche Bedeutung der Order- und Inhaberpapiere im Weltverkehr, insbesondere: der kaufmännischen Anweisungen, der Schecks, unter Berücksichtigung des Weltscheckrechtes nach den Ergebnissen der Haager Internationalen Konferenz von 1912, der Frachtbriefe, Konnossemente und Lagerscheine. Die Darstellung geht vom deutschen Recht aus.

(53) Zivilprozeßrecht (mit Übungen) – *Di 10-11* . . Heilfron

1. Gerichtsverfassung: a) Ordentliche Gerichte. b) Kaufmanns- und Gewerbegerichte.

2. Zivilprozeßverfahren: a) Das Verfahren vor den ordentlichen Gerichten, insbesondere vor dem Amtsgericht. b) Das Verfahren vor den Kaufmanns- und Gewerbegerichten.

3. Anleitung zur Prozeßpraxis: a) Besuch der Prozeßabteilung des Dozenten. b) Durchführung eines Amtsgerichtsprozesses.

Öffentliches Recht

(54) Verwaltungsrecht – *Mo 11-1* . . . . Preuß

Staat und Gesellschaft. — Das verfassungsmäßige Verwaltungsrecht. — Die Selbstverwaltung. — Das Amtsrecht. — Die Entwicklung der preußischen Verwaltungsorganisation. — Die heutige Organisation der preußischen Verwaltung. – Die Organisation der Reichsverwaltung. — Die Gebiete der Verwaltung. – Die innere Verwaltung und die Polizei. — Die Rechtskontrollen der Verwaltung und die Verwaltungsgerichtsbarkeit.

– Sozialversicherung unter Berücksichtigung der Versicherung für Angestellte siehe Nr. 64 –

(55) Völkerrecht – *Mo, Sb 10-11* . . . . Preuß

Das Problem des Völkerrechts. — Völkerrecht und Wirtschaftsleben. — Ihre Entwicklung. – Die Quellen des Völkerrechts. — Subjekte des Völkerrechts. — Die Staaten als Glieder der internationalen Gemeinschaft. – Der völkerrechtliche Staatenverkehr. — Seine Organe. – Die Rechtsgeschäfte des internationalen Staatenverkehrs. — Anfänge internationaler Organisation. — Die Staatenstreitigkeiten und das Völkerrecht. – Internationale Rechtsprechung. – Das Kriegsrecht.

Dozent

Übungen und Seminare

(56) Juristische Übungen für Vorgerückte (A) – *Fr 10-12* Eltzbacher

Schriftliche Bearbeitung sowie Besprechung kaufmännischer Rechtsfälle aus dem bürgerlichen Recht, Handelsrecht, Zivilprozeß- und Konkursrecht.

(57) Übungen im Handelsrecht – *Mi 6-7* . . . . . Nußbaum

(58) Juristisches Seminar (A) – *Sb 5-7 (14tägig)* . . Eltzbacher

Anleitung zur wissenschaftlichen Behandlung von Fragen des Rechts und der Politik.

(59) Übungen in bürgerkundlichem Unterricht (Verfassung, Verwaltung, Finanzwesen) (A) — *Sb 11-1* . . . Preuß

Versicherungslehre

Vorlesungen

(60) Allgemeine Versicherungslehre – *Do 7-9* . . . v. Liebig

Die Entstehung und Entwicklung des Versicherungsgedankens. — Die wirtschaftliche Bedeutung der Versicherung. – Die verschiedenen Versicherungssysteme. – Die Versicherungstechnik. — Die Versicherungsstatistik. — Die Versicherungsverbände. – Die Rückversicherung.

(61) Die wichtigsten Versicherungszweige (außer Lebensversicherung) – *Sb 11-12* . . . . Manes

Wirtschaft, Technik und Recht der Feuerversicherung, Transportversicherung, Unfallversicherung, Haftpflichtversicherung usw. unter besonderer Beachtung ihrer praktischen Bedeutung für Handel und Industrie.

(62) Lebensversicherung – *Sb 12-1* . . . . Manes

Werden und Wesen der Lebensversicherung. Ihre wirtschaftliche und soziale Bedeutung. Ihre Arten, insbesondere Kapital- und Rentenversicherung, Volksversicherung, Pensionsversicherung usw. Technische und rechtliche Grundlagen, Fragen der Organisation. Verhältnis der privaten zur öffentlich-rechtlichen und zur sozialen Lebensversicherung.

(63) Versicherungs-Verwaltungsrecht — *Mo 8-9 abends* Hager

Die Stellungnahme des Staates gegenüber dem Versicherungswesen. – Die Verstaatlichung der Versicherung. — Der Begriff der privaten Versicherungsunternehmung. — Die Zulassung zum Geschäftsbetriebe, der Geschäftsplan, die laufende Aufsicht, die Untersagung des Geschäftsbetriebs. – Die Aufsichtsbehörden. — Besonderheiten der Lebensversicherung (Prämienreserve, Prämienreservefonds, Prämienreserve-Register. – Die Behandlung ausländischer Versicherungsanstalten. – Die Wirkungen des Krieges auf die Privatversicherung.

Dozent

(64) Sozialversicherung unter Berücksichtigung der Versicherung für Angestellte – *Mo 7-8* . . . . . Hager

Allgemeines über die öffentliche Kranken-, Unfall- und Invalidenversicherung. – Der Kreis der versicherten Personen; die Träger der Versicherung; die Aufbringung der Mittel; die Versicherungsleistungen. – Das Versicherungsgesetz für Angestellte. – Die Wirkungen des Krieges auf die Sozialversicherung.

Übungen

(65) Versicherungspraktikum mit besonderer Berücksichtigung der Lebens- und der privaten Unfall- und Haftpflichtversicherung — *Fr 7-9 (14tägig)* . . . v. Liebig

Besprechung der allgemeinen Versicherungsbedingungen. – Aufnahme von Versicherungsanträgen. – Beurteilung der Risiken. — Schadenregulierung. — Besprechung von Bilanzen.

(66) Versicherungsübungen (auch für Anfänger) – *Sb 10-11* Manes

Die Versicherung im Dienste des Kaufmanns. — Praktische Ratschläge für die Nutzanwendung der privaten wie der sozialen Versicherungszweige. — Erörterung einzelner für kaufmännische Angestellte wichtiger Versicherungs-Probleme. — Eventuell Besichtigungen.

Genossenschaftslehre

(67) Das deutsche Genossenschaftswesen während des Krieges – *Fr 4-5* . . . . Crüger

Lage und Stand des Genossenschaftswesens bei Ausbruch des Krieges. Einfluß des Krieges auf die Entwicklung des Geschäftsbetriebes der einzelnen Genossenschaftsarten. Die Bilanzen der Genossenschaften für 1914 und 1915. Die Genossenschaften im Rahmen der durch den Krieg geschaffenen Organisation des Wirtschaftslebens und ihre Bedeutung für dieselbe sowie überhaupt für das wirtschaftliche Leben. Lehren, die aus den Erfahrungen während des Krieges für die zukünftige Entwicklung und Gestaltung des Genossenschaftswesens zu ziehen sind.

Übungen

(68) Uebungen in der Genossenschaftslehre – *Fr 5-7* . Crüger

Die Themata für die freien Vorträge (15 bis 30 Minuten) der Teilnehmer an den Uebungen sind in der Regel der Geschichte und den Aufgaben des Genossenschaftswesens, sowie der Organisation der Genossenschaften zu entnehmen. Der Zweck der Uebungen ist im Wesentlichen, die Teilnehmer in die Praxis des Genossenschaftswesens einzuführen, mit den wichtigsten Vorgängen auf dem Gebiete des Genossenschaftswesens vertraut zu machen. Die Uebungen bilden eine Ergänzung der Vorlesungen über das Genossenschaftswesen.

Dozent

Chemie und chemische Technologie

Vorlesungen

(69) Organische Chemie und Technologie (Warenkunde) – *Di 11-1, Mi 11-12* . . . . Binz

I. Stoffe mit offener Kohlenstoffkette. Die Kohlenwasserstoffe; Erdöl. Azetylen. — Alkohole, Aether, Ester. Chloroform, Jodoform. — Aldehyde und Ketone. — Industrie der Holzdestillation: Holzgeist, Holzessig, Formaldehyd. — Säuren: Fette und Fettsäuren. Lackfabrikation. Linoleum. Seifen- und Kerzenfabrikation. – Glyzerin und Nitroglyzerin. — Die Cyanidindustrie. — Kohlehydrate: Zucker, Stärke, Zellulose. Papier, künstliche Seide, Schießbaumwolle, Zelluloid, Baumwolle und andere pflanzliche Textilstoffe. — Wolle und Seide. — II. Stoffe mit geschlossener Kohlenstoffkette. Benzoltheorie. — Steinkohle, Leuchtgas, Koksfabrikation, Steinkohlenteer, Teerfarbstoffe. — Aetherische Oele, Kampher, künstlicher Kautschuk. Industrie der Riechstoffe. — Alkaloïde. Heilstoffe tropischen Ursprunges.

(70) Chemische Grundlagen der Textilindustrie – *Do 7-8* Binz

Die tierischen Fasern: Seide und Seidenbeschwerung. Die Wollarten. Die pflanzlichen Fasern: Baumwolle, Veredelung durch Mercerisation, Leinen, Ramie, Hanf, Jute, Papiergarn. Künstliche Seide. – Technik des Bleichens, Beizens, Färbens und Druckens. — Grundzüge der Farbstoffabrikation: Der Steinkohlenteer. Anilin- und Alizarinfarben. Küpenfarben. Schwefelfarben. – Der Krieg und die Textilindustrie.

Übungen und Praktika

(71) Chemisches Kolloquium – *Do 4-5* . . . . . . Binz

Besprechung wissenschaftlicher und industrieller Fragen.

(72) Dreistündiges chemisches Praktikum – *wahlweise Mo, Mi, Do, Fr 10-1* . . . . Binz

Anfängerübungen. Qualitative Analyse. Anorganische und organische Präparate. Experimentelle Einführung in technische Verfahren und warenkundliche Untersuchungsmethoden, je nach der chemischen Vorbildung und den speziellen Bedürfnissen der Teilnehmer.

(73) Sechsstündiges chemisches Praktikum – *wahlweise Mo, Mi, Do, Fr 10-1* . . . . Binz

Der Lehrstoff ist derselbe wie beim dreistündigen Praktikum und wird in der entsprechend kürzeren Zeit erledigt.

Physik und mechanische Technologie

Vorlesungen

(74) *Mechanische Technologie — *Sb 12-1* . . . . . Martens

1. Die wichtigsten Metalle und Hölzer (Gewinnung, Preis, Verbrauch, Eigenschaften); 2. Formgebung in flüssigem Zustande (Gießereitechnik); 3. Formgebung in plastischem Zustande

(Schmieden, Nieten, Walzen, Drücken, Ziehen); 4. Formgebung durch Sägen, Feilen, Drehen, Fräsen, Hobeln, Bohren; 5. Zusammenfügen von Oberflächen (Schweißen, Löten, Leimen); 6. Veränderungen der Oberfläche (Schleifen, Polieren, Anstreichen, Verbleien, Verzinnen, Vernickeln, Verzinken); 7. Kabelspinnerei; 8. Optische Schleiferei; 9. Technische Organisation einer Fabrik (Anordnung der einzelnen Werkstätten, Transportmittel, Kraftzentrale, Konstruktionsbureau, Direktion).

(75) * Physikalische Grundlagen der Elektrotechnik — *Mi 10-12, Fr 12-1* . . . . Martens

Erster Teil. 1. Permanente Magnete und magnetisches Feld; 2. das einen elektrischen Strom umschlingende magnetische Wirbelfeld; 3. Verhalten von Eisen und Stahl im magnetischen Felde; 4. Widerstand, Spannung und Stromstärke; 5. Leistung des elektrischen Stroms an Widerständen; Joulesche Wärme; 6. Ruhende Elektrizitätsmengen oder Ladungen, Kapazität und elektrische Induktion; 7. das einen magnetischen Verschiebungsstrom umschlingende elektrische Wirbelfeld; 8. Durchgang des elektrischen Stromes durch elektrolytische Leiter; 9. Verschiedenheit der Spannung auf beiden Seiten einer Grenzfläche; 10. Maßeinheiten.

Zweiter Teil. 1. Wechselstromsynchronmaschinen; 2. Drehstromsynchronmaschinen; 3. Wirkungsweise von Gleichstrommaschinen; 4. Schaltung von Gleichstrommaschinen; 5. Eisenfreie Selbstinduktionen und Transformatoren; 6. Eisenhaltige Selbstinduktionen und Transformatoren; 7. Durchgang von Wechselstrom durch Kapazitäten; 8. Entladung einer Selbstinduktion: 9. Entladung einer Kapazität; 10. Hertzsche Wellen und elektromagnetische Lichttheorie; 11. drahtlose Telegraphie.

(76) Allgemein verständliche Himmelskunde mit Lichtbildern und gelegentlichen Fernrohr-Beobachtungen — *Fr 7-8 abends* . . . . Marcuse

Ideale und praktische Bedeutung der Astronomie. — Wetterwissenschaft der Schiffahrt und des Welthandels. — Verkehrs. — Geschichte der Himmelskunde. — Statistik des Universums. — Kräfte und Bewegungen im Himmelsraume. — Das Sonnensystem. — Die Entstehung der Welten.

Übungen und Praktika

(77) * Technische Ausflüge — *Do 3-5* . . . . . . Martens

Geplant ist der Besuch: des Königlichen Materialprüfungamtes, einer Eisengießerei, einer Werkzeugmaschinenfabrik, eines Kabelwerkes, einer Verzinkungsanstalt, einer optischen Fabrik, einer großen Maschinenfabrik, eines Bergwerkes, einer Klavierfabrik, einer Glühlampenfabrik, einer Dynamomaschinenbauanstalt.

(78) * Kleines physikalisch-technisches Praktikum — *Mi oder Sb 3-6* . . . . Martens

(79) * Mittleres physikalisch-technisches Praktikum — *Mi, Sb 3-6* . . . . Martens

Mit den physikalisch-technischen Uebungen im physikalischen Institut werden folgende Zwecke verfolgt: 1. Einprägung und

Dozent

besseres Verständnis der wichtigsten physikalischen Gesetze; 2. Erlernung der wichtigsten Maßbezeichnungen; 3. Erwerbung von Sicherheit im Rechnen, insbesondere mit Rechenschieber und Logarithmentafel. 4. Aneignung der praktisch wichtigsten Fertigkeiten z. B. Messung von Längen, Zeitmessung, Wägen; Anlassen und Untersuchung von Benzinmotoren, Elektromotoren usw. 5. Uebung in zeichnerischer Darstellung. Die unter 2, 3, 4 und 5 genannten Zwecke können niemals in einer Vorlesung, sondern nur durch praktische Uebungen erreicht werden. Im Verlauf eines Semesters kann im kleinen Praktikum naturgemäß nur eine kleinere Anzahl dieser Aufgaben bearbeitet werden als im mittleren Praktikum.

Geographie

Vorlesungen

(80) Wirtschaftsgeographie – *Mo 4-6, Di 4-5* . . . Baschin

Geographische Grundlagen der Produktion. Geographische Verbreitung der mineralischen, pflanzlichen und tierischen Rohstoffe. Geographische Faktoren der Industrie und des Handels. Geographische Lage der Handelszentren. Verkehrsgeographie (Siedlung, Landverkehr, Binnenschiffahrt, Seeschiffahrt, Nachrichtenverkehr). Geographische Bedeutung der Handels- und Verkehrs-Statistik. — Spezielle Wirtschaftsgeographie der wichtigsten Handelsländer.

(81) * Wirtschaftsgeographie (Allgemeiner Teil) – *Di 11-1, Fr 12-1* . . . . Tiessen

Begriff und Gliederung der Wirtschaftsgeographie, Wesen und Umfang der Allgemeinen Wirtschaftsgeographie. Stellung der Siedlungskunde. Beziehungen der Menschen zur Erdoberfläche: Entstehung der Produktion; Beziehungen der Menschen untereinander: Entstehung von Handel und Verkehr.

1. Allgemeine Produktionsgeographie. a) Die nutzbaren Mineralien: Bedingungen ihres Vorkommens und ihrer Ausnutzung. – b) Die Nutzpflanzen: Abhängigkeit ihrer geographischen Verbreitung von den natürlichen Verhältnissen, insbesondere von Boden und Klima; ihre Beeinflussung in Artung, Verbreitung und Verwertung durch den Menschen (Kulturpflanzen). — c) Die Nutztiere: Nutzen und Benutzung freilebender Tiere; ihre Beeinflussung durch den Menschen (Haustiere). – Natürliche Hindernisse der Produktion.

2. Allgemeine Handels- und Verkehrsgeographie. Entwicklung des Handels aus den Wechselbeziehungen der Erdbewohner auf Grund der Produktion; Stufen des Fortschritts. Die Gegenstände des Handels: Rohstoffe und Verarbeitungserzeugnisse. – Völkerwanderungen als Urform des Verkehrs. Der Verkehr zwischen festen Siedelungen. Siedelungsdichte und Auswanderung. Verhältnisse und gegenseitige Beeinflussung von Handel und Verkehr. Die Hauptwege des Handels und Verkehrs und die Intensität ihrer Benutzung auf Grund der geographischen Bedingungen. Entwicklung der Verkehrsformen durch Ueberwindung der natürlichen Hindernisse.

Dozent

(82) * Spezielle Wirtschaftsgeographie II. Teil — *Mo 4-6, Di 5-6* . . . . Wegener

Asien. Allgemeines. Lage. Raumverhältnisse. Grundzüge des festländischen Baus, der Gewässer, des Klimas, der Pflanzen- und Tierwelt, der menschlichen Besiedelung. Natürliche und politische Gruppierung der Bevölkerung und deren wirtschaftliche Bedeutung. Einzeldarstellung der Hauptwirtschaftsgebiete: Vorderasien, Russisch-Asien, Zentral- und Ostasien, Südostasien und Indien. Amerika, Afrika, Australien in ähnlicher Behandlung.
Zusammenfassungen und Ausblicke.

(83) Völkerkunde der Türkei — *Mo 8-9 abends* . . v. Luschan

1. Fremde Elemente: Neger, Tscherkessen, Arnauten, Zigeuner usw. 2. Sektierer: Tachtadji, Allevi, Kysylbasch. Fellach usw. 3. Echte Nomaden: Türkmenen, Jürücken, Kurden. Perser Araber, Syrer. Türken, Griechen, Armenier.
In der ursprünglich ganz einheitlich gewesenen, extrem kurzköpfigen Urbevölkerung kamen um 4000 v. Chr. semitische Einwanderer nach Babylonien und gegen 2000 v. Chr. eine Einwanderung aus Nordeuropa, als deren wichtigster Rest uns noch heute die blonden Kurden erhalten sind. Die große Menge der heutigen Türken, Griechen und Armenier gehört zu den Nachkommen der vorsemitischen Urbevölkerung; von dieser stammen aber auch die Angehörigen der alpinen Rasse von Westeuropa ab.

(84) Geographische Ortsbestimmung am Lande, auf See und in der Luft — *Mo 8-9 abends* . . . . . Marcuse

Grundbegriffe der astronomischen Geographie, Nautik und Aeronautik. — Instrumente und Methoden zur Ortsbestimmung am Lande, auf See und im Luftfahrzeug. — Astronomisch-geographische Beobachtungen und Vermessungen auf Reisen.

Übungen und Seminare

(85) * Wirtschaftsgeographische Übungen für Anfänger und Vorgerückte (A) — *Mo 6-8 (14tägig abwechselnd mit den Übungen von Professor Tiessen)* . . . Wegener

(86) * Geographische Übungen für Vorgerückte (A) — *Mo 6-8 (14tägig abwechselnd mit den Übungen von Professor Wegener)* . . . . Tiessen

(87) Geographische Übungen für Anfänger — *Di 5-6* . Baschin

(88) Übungen zur Ortsbestimmung auf der astronomischen Station der Handels-Hochschule, im Anschluß an die Vorlesung über geographische Ortsbestimmung (A) — *Mo 9-10 abends* . . . . Marcuse

Handhabung der Instrumente. — Praktische Anleitung zur Ausführung geographischer, nautischer und aeronautischer Ortsbestimmungen.

Dozent

Fremde Sprachen und Kulturen

Vorlesungen

(89) * Russische Wirtschaftsverhältnisse – *Mo 7-8* . . . Palme

I. Die wirtschaftsgeographischen Gebiete des europäischen und asiatischen Rußland (mit gelegentlichen Lichtbildern).

II. Die Landwirtschaft Rußlands. Die neue Agrargesetzgebung und ihre wirtschaftliche Bedeutung. Die kolonisatorische Erschließung Sibiriens.

III. Industrie und Handel Rußlands.

Kurse

– Die Zahl der Teilnehmer ist im Interesse einer gründlichen Ausbildung beschränkt. Anmeldungen nach dem 6. Mai haben keinen Anspruch auf Berücksichtigung. Bei den Oberkursen ist die Aufnahme von dem Bestehen einer mündlichen und schriftlichen Aufnahmeprüfung abhängig. –

Englisches Seminar

(90) Oberkursus (mit Handelskorrespondenz) (A) . . . – *Di 3-5* . . . . Brandenburg

Nur für immatrikulierte Studierende.

(91) Oberkursus (ohne Handelskorrespondenz) (A) . . – *Do 3-5* . . . . Brandenburg

Nur für immatrikulierte Studierende.

Romanisches Seminar

(92) Französischer Oberkursus – *Mo, Do 4-6* . . . Pariselle

Nur für immatrikulierte Studierende.

(93) Italienischer Unterkursus – *Do 3-5* . . . . . . Hecker

(94) Italienischer Mittelkursus – *Fr 3-5* . . . . . . Hecker

(95) Spanischer Unterkursus – *Mo 4-6* . . . . . . de Palacios

(96) Spanischer Oberkursus – *Do 4-6* . . . . de Palacios

Russisches Seminar

(97) Russischer Unterkursus — *Di, Fr 7-9* . . . v. d. Osten-Sacken

Türkische Sprachkurse

(98) *Di, Mi, Fr 3-5* . . . . Nizami

Kaufmännisches Unterrichtswesen und Pädagogik

Vorlesungen

(99) Methodik des kaufmännischen Unterrichts – *Sb 10-11* Kühne

Ziele und Methoden des allgemein bildenden und des fachlichen Unterrichts. Die Lehrpläne der kaufmännischen Schulen.

Dozent

Die einzelnen Unterrichtsfächer: Handelskunde und Handelsbriefwechsel, kaufmännisches Rechnen, Buchführung, Wirtschaftsgeographie und Bürgerkunde. Die manuellen Fächer. Konzentration der Lehrfächer.

– Einführung in die Buchhaltung mit Übungen (für Studierende ohne Vorkenntnisse) siehe Nr. 9 –

– Handelskunde und Handelsbriefwechsel (Einführung) siehe Nr. 10 –

– Das gewerbliche Unterrichtswesen im Rahmen der staatlichen Gewerbeförderung siehe Nr. 43 –

Übungen

(100) Handelslehrer-Seminar I (A) – *Sb 11-1* (*14 tägig*) Kühne

Behandlung von Fragen des Erziehungs- und Unterrichtswesens im Anschluß an Berichte der Mitglieder.

(101) Handelslehrer-Seminar II (A) – *Fr 5-8* . . . . Kühne

Besprechungen über grundlegende Fragen der Unterrichtstechnik. Muster- und Probelektionen. Lehrtätigkeit der Mitglieder. Besuch von kaufmännischen Schulen Berlins und der Vororte.

Die Übungen finden in den kaufmännischen Schulen der Korporation der Kaufmannschaft unter Mitleitung von Herrn Direktor Dr. Knörk statt.

Allgemeine wissenchaftliche Ausbildung

(102) Philosophie und Weltanschauung des Orients – *Mo 7-8* Liebert

Das Wesen und die Hauptformen der orientalischen Kultur. Die indische Philosophie und Religion. Die semitische (arabisch-jüdische) Philosophie. Die persische Philosophie und Religion. Die Philosophie und Religion des Islams, der Chinesen und der Japaner.

(103) Geschichte der deutschen Literatur im Zeitalter Bismarcks (1848–1880) – *Do 6-7* . . . . . . Herrmann

Einleitung: Kultur und Literatur der Generation 1815-48 (Ultraromantik, Junges Deutschland).

Kultur der Generation 1848-80. Leben. — Wissenschaft. — Bildende Kunst. — Musik. — Literaturkritik. — Literatur. Nachromantik, Eklektik, Nachleben des jungen Deutschlands. Realismus (Freytag, Reuter, Groth, Ludwig). Halbrealismus (Scheffel, Keller, Hebbel). Pessimismus (Raabe, Hamerling). — Literatur der Gründerzeit. Schiftbruch der Lyrik. Französisches Theater (Augier, Dumas, Sardou). Feuilletonkritik. Theaterliteratur (Lindau usw.). Zeitroman (Auerbach, Spielhagen, Heyse) und Novelle (Storm). – Neue Wege (Anzengruber, C. F. Meyer).

(104) * Deutsche Kunst im 19. Jahrhundert (mit Lichtbildern) — *Di 6-7* . . . . Justi

Die alte Kunst. Der Klassizismus. Die Nazarener. Die Romantik. Franzosen und Belgier. Historien- und Genremalerei. Die Deutschrömer. Menzel. Der Impressionismus. Bewegungen der Gegenwart.

Dozent

(105) Die Formenkreise des Kunstgewerbes bis zur Renaissance — *Di 7-8* . . . . Jessen

Wert der Kenntnis der älteren Stilarten für den Kaufmann. Frühzeiten der Kultur. Aegypten. Vorderasien. Altgriechenland. Die hellenistische Kunst. Rom. Spätantik, Altchristlich, Byzantinisch. Der romanische Stil. Frühe und späte Gotik. Die Anfänge der Renaissance.

Fertigkeiten

(106) Kurzschrift (Stolze-Schrey) für Anfänger — *Di 3-5* Coprian

(107) Kurzschrift (Stolze-Schrey) für Vorgerückte — *Fr 3-5* Coprian

Zusammenfassende Wiederholung des Systems, Diktatübungen und Debattenschrift.

Stundenüber

Stunde	Montag	Dienstag	Mittwoch
8—9	***Paszkowski,** Deutsch für Ausländer	**Heilfron,** Bürgerliches Recht **Schär,** Handelsbetriebslehre **Esslen,** Gewerbepolitik	**Esslen,** Agrarpolitik **Leitner,** Industriebe
9—10	**Eltzbacher,** Handelsrecht **Gerstner,** Einführ. i. d. Buchh. ***Paszkowski,** Deutsch für Ausländer	**Heilfron,** Bürgerliches Recht **Schär,** Handelsbetriebslehre **Esslen,** Gewerbepolitik	**Esslen,** Agrarpolitik **Leitner,** Industriebet.
10—11	**Eltzbacher,** Handelsrecht **Preuß,** Völkerrecht	**Heilfron,** Zivilprozeß **Hellauer,** Warenkalkulation	**Hellauer,** Allg. Welt ***Martens,** Elektrote ***Prion,** Kfm. Privatw. **Schär,** Handelsw. Se
11—12	**Hellauer,** Bank- u. Börsenverkehr **Preuß,** Verwaltungsrecht	**Binz,** Organ. Chem. u. Techn. **Hellauer,** Spez. Welthandelsl. ***Prion,** Finanzierung ***Tiessen,** Allg. Wirtsch.-Geogr. **Schär,** Buchhaltung u. Bilanz	**Binz,** Organ. Chem. **Hellauer,** Allg. Welt ***Martens,** Elektrote ***Prion,** Kfm. Privatw **Schär,** Handelsw. Se
12—1	**Eltzbacher,** Einf. i. d. Studium 1) **Hellauer,** Bank- u. Börsenverkehr **Preuß,** Verwaltungsrecht	**Binz,** Organ. Chem. u. Techn. **Eltzbacher,** Einf. i. d. Studium 1) **Hellauer,** Spez. Welthandelsl. ***Prion,** Finanzierung ***Tiessen,** Allg. Wirtsch.-Geogr.	**Sombart,** Allg. Natio
1—2			**Sombart,** Allg. Natio
2—3			
3—4		**Brandenburg,** Engl. Oberkursus (mit Handelsk.) **Coprian,** Kurzschrift, Unterstufe **Nizami,** Türkisch	**Nizami,** Türkisch
4—5	**Baschin,** Wirtschaftsgeographie ***Wegener,** Spez. Wirtsch. Geog. **Palacios,** Spanischer Unterkursus **Pariselle,** Französ. Oberkursus	**Baschin,** Wirtschaftsgeograph. **Brandenburg,** Engl. Oberkursus (mit Handelsk.) **Coprian,** Kurzschrift, Unterstufe **Nizami,** Türkisch	**Mantzke,** Handelsk. u ***Prion,** Besprechung **Sombart,** Volksw. Se **Nizami,** Türkisch
5—6	**Baschin,** Wirtschaftsgeographie ***Wegener,** Spez. Wirtsch. Geog. **Palacios,** Spanischer Unterkursus **Pariselle,** Französ. Oberkursus	**Baschin,** Geograph. Übungen ***Wegener,** Spez. Wirtsch. Geog. **Esslen,** Volksw. Seminar	**Mantzke,** Handelsk. u. ***Prion,** Besprechung **Sombart,** Volksw. Se
6—7	***Tiessen,** Geogr. Übung } 3 ***Wegener,** Geogr. Übung. } **Zoepfl,** Weltwirtschaftspolitik	***Justi,** Deutsche Kunst **Esslen,** Volksw. Seminar	**Haas,** Handelsjournal **Kriele,** Wirtschaftliche **Meyer,** Wechselrecht **Nußbaum,** Handelsre
7—8	**Hager,** Sozialversicherung ***Palme,** Russ. Wirtschaftsverh. ***Tiessen,** Geogr. Übung. } 3 ***Wegener,** Geogr. Übung. } **Liebert,** Weltansch. d. Orients	***Hoeniger,** Deutschtum i. Ausl. **Jessen,** Kunstgewerbe **Köbner,** Weltpolitik **v. d. Osten-Sacken,** Russ. Unterkurs.	**Kriele,** Wirtschaftliche **Meyer,** Recht der Wer **Nußbaum,** Hypotheke **Rohrbach,** Deutschl. Überseeinteressen
8—9	**Hager,** Vers.-Verwaltungsrecht **v. Luschan,** Völkerk. d. Türkei **Marcuse,** Geogr. Ortsbestimm.	***Hoeniger,** Allg. Handelsgesch. **Sombart,** Moderne Gesellsch. **v. d. Osten-Sacken,** Russ. Unterkurs.	**J. Hoffmann,** Eisenbah **Jäckh,** Jungtürk. Gesc
9—10	**Marcuse,** Üb. z. geog. Ortsbest.		

1) In den ersten drei Wochen des Semesters 2) Alle 14 Tage 3) Abwechselnd alle

nersemester 1916

onnerstag	Freitag	Sonnabend	Stunde
Industriebetrieb vski, Deutsch für Ausländer	**Esslen,** Ausw. Handelspolitik **Leitner,** Privatw. Seminar **Schär,** Zahlungsverkehr	**Gerstner,** Einführ. i. d. Buchh.	8–9
, Bürgerl. Recht r, Privatw. Seminar vski, Deutsch für Ausländer	**Esslen,** Ausw. Handelspolitik **Leitner,** Privatw. Seminar	**Eltzbacher,** Handelsrecht **Gerstner,** Einführ. i. d. Buchh. **v. Seefeld,** Gew. Unterrichtsw.	9–10
, Bürgerl. Recht r, Privatw. Seminar Bankpolitik	**Eltzbacher,** Jur. Üb. f. Vorger. **Leitner,** Buchhaltungsübung. **Schär,** Buchhaltung u. Bilanz	**Kühne,** Methodik d. Handelsf. **Manes,** Versicherungsübung **Preuß,** Völkerrecht	10–11
iewicz, Geldwesen r, Allg. Welthandelsl.	**Eltzbacher,** Jur. Üb. f. Vorger. **Leitner,** Buchhaltungsübung. **Schär,** Buchhaltung u. Bilanz	**Kühne,** Handelslehrersem. I[2]) **Manes,** Wicht. Versich.-Zweige **Preuß,** Übungen	11–12
, Allg. Nationalökon.	**Eltzbacher,** Einf. i. d. Studium[1]) ***Martens,** Elektrotechnik ***Tiessen,** Allg. Wirtsch.-Geogr.	**Eltzbacher,** Einf. i. d. Studium [1]) **Kühne,** Handelslehrersem. I[2]) **Manes,** Lebensversicherung ***Martens,** Mechan. Technolog. **Preuß,** Übungen	12–1
, Allg. Nationalökon.			1–2
			2–3
s, Techn. Ausflüge burg, Engl. Oberk. (ohne orr.) alienischer Unterkursus	**Coprian,** Kurzschrift, Oberstufe **Hecker,** Italienischer Mittelkursus **Nizami,** Türkisch		3–4
hem. Kolloquium ski, Handelspolitik s, Techn. Ausflüge burg, Engl. Oberk. (ohne orr.) talienischer Unterkursus Spanischer Oberkursus Französ. Oberkursus	**Crüger,** Genossenschaftswesen **Coprian,** Kurzschrift, Oberstufe **Hecker,** Italienischer Mittelkursus **Nizami,** Türkisch		4–5
ski, Handelspolitik Spanischer Oberkursus , Französ. Oberkursus	**Crüger,** Übg. i. Genossensch. **Kühne,** Handelslehrersem. II ***Prion,** Bank- u. Finanzsemin.	**Eltzbacher,** Jurist. Seminar[2])	5–6
nn, Literaturgeschichte , Proseminar Wirtschafts-Statistik Mathem. i. Bankgesch.	**Crüger,** Übg. i. Genossensch. **Kühne,** Handelslehrersem. II **Osterrieth,** Unlaut. Wettbew. ***Prion,** Bank- u. Finanzsemin.	**Eltzbacher,** Jurist. Seminar[2])	6–7
em. Grundl. d. Textilind. g, Allgem. Vers.-Lehre Technik der Anleihen , Proseminar	**Kühne,** Handelslehrersem. II **v. Liebig,** Versich.-Praktik.[2]) **Marcuse,** Allgem. Himmelsk. **v. d. Osten-Sacken,** Russ. Unterkurs.	**Binz,** Chem. Praktikum, 3 stündig, wahlweise Mo, Mi, Do, Fr 10-1 – Chemisches Praktikum, 6 stündig, wahlweise Mo, Mi, Do, Fr 10-1 ***Martens,** Physik.-techn. Praktikum: — Kleines Mi od. Sb 3-6 — Mittleres Mi u. Sb 3-6	7–8
g, Allgem. Vers.-Lehre , Autoren u. Verleger	**v. Liebig,** Versich.-Praktik.[2]) ***Prion,** Geldmarkt **v. d. Osten-Sacken,** Russ. Unterkurs.		8–9
			9–10

www.ingramcontent.com/pod-product-compliance
Lightning Source LLC
LaVergne TN
LVHW042254300926
849161LV00003B/595
9783112674697